视觉手札：
公共空间的信息设计

梁艳 刘昭 著

中国水利水电出版社
www.waterpub.com.cn
·北京·

内 容 提 要

信息无所不在，可以说信息在当今社会扮演这愈发重要的角色，但是并非所有信息都是公共信息，如何理解和传达公共信息，不仅涉及方法，更需要关注内容、观念。

本书从人的视觉视角出发，充分发挥公共空间文字、色彩、图形、版式等视觉要素的形式功能，探讨和满足公共空间信息对信息获得者的组织、引导、约束、规范、控制等的功能。同时，也从"隐性信息"视角对公共空间的文化信息、品牌信息传播展开探讨，对信息媒介的本土化关注展开前瞻性设想。

图书在版编目(CIP)数据

视觉手札：公共空间的信息设计/梁艳，刘昭著
. —北京：中国水利水电出版社，2018.9
   ISBN 978-7-5170-6932-4

Ⅰ.①视…　Ⅱ.①梁…②刘…　Ⅲ.①公共建筑—建筑设计　Ⅳ.①TU242

中国版本图书馆 CIP 数据核字(2018)第 221677 号

书　　名	视觉手札：公共空间的信息设计 SHIJUE SHOUZHA: GONGGONG KONGJIAN DE XINXI SHEJI
作　　者	梁艳　刘昭　著
出版发行	中国水利水电出版社 (北京市海淀区玉渊潭南路 1 号 D 座 100038) 网址：www. waterpub. com. cn E-mail：sales@ waterpub. com. cn 电话：(010)68367658(营销中心)
经　　售	北京科水图书销售中心(零售) 电话：(010)88383994、63202643、68545874 全国各地新华书店和相关出版物销售网点
排　　版	北京亚吉飞数码科技有限公司
印　　刷	三河市元兴印务有限公司
规　　格	170mm×240mm　16 开本　15.5 印张　212 千字
版　　次	2019 年 3 月第 1 版　2019 年 3 月第 1 次印刷
印　　数	0001—2000 册
定　　价	74.00 元

凡购买我社图书，如有缺页、倒页、脱页的，本社营销中心负责调换

前　言

公共信息是指在公共空间中能够被信息获得者自由获取,并反作用于信息获得者的那一部分信息。宏观地说,公共信息是指具有公共管理功能,对公众的行为有影响作用的那一部分信息。例如法律法规、行政制度、团体章程等。从微观上看,公共信息指的是以文字、数据、图表、视听语言等形式出现的,能够对人们的行为起到引导、控制、约束和规范作用的功能信息和文化信息。

当前,随着现代城市化发展的进程,我国民众的消费形式发生着巨大变化。作为消费的物质载体——公共空间,已由满足物质生活需求的环境形态,演变成以体验消费为核心的文化信息传播空间。而伴随着体验消费的进行,各类公共空间的面积越来越大,内部容积和空间形式以及公共设施的视觉形象也变得越来越复杂多样,形成了庞大的视觉信息传达迷宫。因此,关注公共空间的感知信息与文化信息、品牌信息的传播就显得越来越重要。

本书撰写重点突出以下特色。

学术性。公共空间信息设计的内容涵盖行为规范信息(行为准则、道德约束、法制规定)、操作规范信息(生产指标、操作流程)、环境规范信息(公共安全、公共导视),前人的研究视角大多集中在环境规范信息中的公共导视领域,即以图形、文字、色彩、版式、创意等传达的简洁、易懂的视觉形式来传达复杂的导向导视信息。本书的研究不仅关注人们可以直接感知(可视的)的公共空间信息设计,如公共信息标志系统规划设计、地铁空间信息设计,以及包括公共壁画、镶嵌、地景等在内的公共空间艺术信息设计,同时也探讨认知空间的信息设计(智慧型城市与全球化、城市文化信息传播与品牌建设)、符号空间的信息设计(符号学与信息设计、中外优秀符号空间信息设计)等,最后对公共空间信息设计的未来方向进行分析。

前瞻性。本书不仅探讨了"信息可视化"设计与"公共行为"之间的关系，也探讨了多元文化背景及现实公共空间发展下的信息设计，呼唤更具国家、民族文化认同感和归属感的信息设计。

启发性。本书通过图文并茂的形式阐述了公共空间信息设计方法、表达形式、内容等，选取了一些经典作品，以及一些代表性国家的信息设计案例，不仅能体味出设计理念，也能感悟到创作心迹。

本书的撰写参考并引用了大量相关资料，部分内容来自网络，尽管大部分引用的内容均采用脚注的形式进行标注，但难免有遗漏之处，对于原作者的辛劳，作者在此致以诚挚的谢意。

由于作者的理论水平有限，加之时间仓促，书中难免出现一些疏漏不足之处，希望老师及同人予以批评指正。

作　者

2018 年 5 月

目　录

绪　　论

信息冲击对公共信息传播方式的变革产生了巨大影响，使得公共信息设计成为必然。公共信息设计不但凸显了其社会管理功能，也扩大了信息设计的领域。

一、公共空间信息可视化设计研究的起源

公共空间中的视觉信息，是指在公共空间中被人们视觉感知和认知的，由各类视觉要素构成的信息。从形式上来看，它以文字、图形、图像、色彩、灯光等形式呈现；从功能上来看，视觉信息服务于特定空间的受众，满足其各种可能的行为诉求。其功能包括传递空间基本形象的空间识别信息，各个子区域的说明信息，交通路径道路指引的导视信息，规定空间行为规范的信息，保障空间作为集体使用的公共空间的安全保障信息，以及关于空间服务类型的信息等。

目前国内已有一些高校开设了相关课程，但是教学内容并不系统且教材缺乏。本书是从公共空间、信息传达、符号学、视角出发，多层次、多角度、图文并茂地探讨感知空间、认知空间以及符号空间设计的内容、要素等。希望能够成为教学与研究中的重要依据，同时给那些关注身边环境的人们提供更多的、更广泛的信息资源。同时，给那些关注身边环境的人们，提供更多的、更广泛的信息资源。

城市公共信息导向系统是涉及城市规划、城市管理的一门交叉性、综合性学科。它虽然起源于最初的简单文字看板，但发展至今，已不仅仅只是简单的招牌设计或城市建设的补充，而逐步成为城市建设中的一个独立领域。虽然在我们生活的城市中，历史、建筑、规划已经决定了大环境，但城市公共信息导向系统仍以

其独特的功能,成为满足人们日常生活需要、完善城市环境的重要组成部分。

在现代城市生活环境中,城市的决策者、规划者和居民更多地注意到公共信息导向系统涉及城市的方方面面,无论是久居的市民还是远来的游客,在生活中都越来越依赖于导向系统。近年来,我国经济高速发展,城乡一体化建设迅速,城市人口迅速膨胀,交通拥挤,城市环境日益混乱,公共设施建设也因跟不上发展的需要而显得严重滞后。缺乏系统的、规范的城市导向系统将会成为城市发展的障碍,会降低城市的功能,并弱化城市形象。

我国城市导向系统起步较晚,在改革开放后发展较快。国际交往日益频繁,交通事业飞速发展,大大推动了城市导向标识设计,从而促使整个城市导向系统发生了显著的变化。近年来,东部发达地区的一些城市已将城市导向系统列入城市规划,并取得了成效。但由于缺乏对城市导向系统设置的总体规划,目前的导向系统还有很多问题亟须解决。

二、公共空间信息可视化设计研究的内容及意义

(一)公共空间信息可视化设计研究的内容

人在公共空间的行为,即为空间信息传达和接收的过程。空间信息传达是空间应用特有的视觉语言,向身处其中的人表达信息的过程,其本质是以人的视觉来传达符合人的认知和体验规律的空间形态和信息符号。这种视觉信息可分为功能信息和文化信息。"功能信息"属于"显性信息",是在人们需要确认方位、寻找目标时所需要借助的一切空间中可以通过视觉认知的信息介质,比如建筑体形态、外观装饰、标识广告牌等功能性信息,而"文化信息"属于"隐性信息",是相对内在的,属于一个特定空间的信息介质,它负责提升空间的文化意义,需要通过深层认知和体验才能获取。

依据信息传播的理论,在空间中传播信息是通过人的认知与

视觉化的体验过程完成的。认知（cognition）一词来源于拉丁文，原词义为"getting to know"，指的是获得知识的过程，包括感知、表象、记忆、思维等，而思维是它的核心。人对空间的认知，就是将视觉感官收集的信息输入大脑，经过编码、加工、储存、转化和再输出的表现过程。而所谓的体验，即是用心去感受信息、沟通情感，实现文化的传递。空间体验不仅是指人的感觉刺激，而是针对特定的空间信息，如主题书店、概念商店、娱乐园等具有特指信息承载与传播的公共空间。

当然，认知与体验在人的意识状态上有主动与被动的区分，但在空间的信息传达中，二者又不是单独进行的。良好的空间认知会帮助人们深入体验，而深入空间体验也给人的认知贡献完整的宽度和强度。二者相互依存和推动，为人在空间中获取正确的信息提供条件。因此，公共空间信息的可视化，可分为感知空间、认知空间和符号空间。

（二）公共空间信息可视化设计研究的意义

1. 认知和体验公共空间

视觉信息可以帮助人们搜寻和理解空间功能，从外部进入建筑，进入空间，深入空间内部，每个环节都需要视觉信息的辅助，合乎人生理感知规律和逻辑认知的信息系统可以最大限度地提升信息的传递功能和效率。在这个信息爆炸的时代，对空间中视觉信息的规划和设计势在必行，这是确立空间的视觉独特性，体现空间个性，确保空间功能实现的必然需求。

视觉信息还是优化组织公共关系的工具，视觉信息的有效传递与人们在空间中的行为体验密不可分。信息是否有效传递可以直接影响受众的行为体验，并作用于受众的心理与情感，个体行为体验的聚集会影响人们对空间的评价，并影响空间的形象。

2. 引导个体行为

视觉信息还能引导空间中的个体行为，公共空间中的个体行为是人的主观意识与客观环境中的信息相互作用的产物,控制空间中的环境信息,可以干预和影响人们的个体行为。有学者认为环境具有两面性,既包括由日常生活中实物组成的物质的一面,也包括由代表物或行为的符号性要素组成的"符号的一面",而视觉信息就是其中具有符号性的部分。它虽然不能决定人们的个体行为,却是构成环境信息的重要部分,引导人们的行为过程,影响人们的行为体验。

第一章　当代公共空间及符号学视域下的信息传达

作为国家与社会二元分化的产物——公共空间，承载着国家与社会的互动，并在国家与社会的力量对比形式的情境中成长。在这一场域中，多个主体共存，对场域形成不同的形塑力，进而对城市的建设形成影响。

第一节　当代视野下的公共空间

"公共领域"（public sphere）是近年来英语国家学术界常用的概念之一。这一概念是根据德语"offentlichkeit"（开放、公开）一词译成英文的。这种具有开放、公开特质的，由公众自由参与和认同的公共性空间称为"公共空间"（public space）。

学者陈立民在其著作《城市公共信息导向系统设计——与空间的交流》一书界定公共空间时指出："公共空间则是指社会公众行为与城市开放性环境发生联系的场所，依据各种不同的功能需要，城市公共空间大致可分为以下几种：政治活动空间，如政府大厦、市政广场、法院及政府机构等；文化活动空间，如图书馆、博物馆、美术馆、校园、历史纪念场所等；商贸活动空间，如餐馆、商业街、购物中心等；休闲娱乐空间，如影院、酒吧、茶馆、咖啡馆、公园、绿地等；一般性公共空间，如公路、火车站、汽车站、机场、停车场、海岸线、河道、湖泊等。还有一些是模糊的、综合的、相互交错的空间，由于这些空间的性质与职能不同，公共信息设计的要求也存在差异。"①

当前，公共空间发展面临的问题主要体现在以下几个方面。

18 世纪的工业革命使得社会结构发生了翻天覆地的变化：一

---

① 陈立民. 城市公共信息导向系统设计·与空间的交流[M]. 重庆：西南师范大学出版社,2008.

方面是大量人口向城市聚集，人口密度不断增大；另一方面是工业化生产带动了火车、汽车、轮船等现代化交通工具的广泛应用。这两方面的变化迫切要求城市基础设施和配套设施的完善，城市建设进入发展高峰期，城市范围也不断扩大。城市结构的膨胀和城市人口数量的急剧增加，对城市的管理也提出了更高的要求。

城市面积和结构的快速膨胀以及飞机、火车、轮船等现代化交通工具的广泛应用，推动了城市道路系统的快速发展。城市主干道路、城市辅路、高速公路、高架桥、立交桥、地铁、桥梁、过街天桥、过街隧道、过江隧道等交通基础设施不断涌现，使得城市的整体面貌发生了日新月异的变化。

除此之外，城市中的其他设施也在不断地扩建和建设，公园、学校、商场、写字楼等各种大型公共场所不断增加，可以说现代城市中的人们生活在一个空前复杂的环境中。对于每个生活在现代城市中的人而言，周围的环境越是复杂就会越感觉到自身的渺小。如果在这种立体和复杂的环境中没有相应的指引和导向，城市环境将会变得杂乱不堪。

科技的进步带动了现代交通的飞速发展，同时社会经济的发展使得国家与国家之间、地区与地区之间的学术文化交流和经济贸易往来更为频繁，而人们对于城市文明的向往也推动了观光旅游业的飞速发展。城市，特别是国际化大都市中的人流量大幅提高，外来人口呈现前所未有的增加趋势。

对于初次到达陌生都市的人们来说，复杂的城市环境往往会使他们迷失其中。这就要求城市中的标识导向系统不仅要为长期生活在其中的居民服务，更要满足外来人员的需求，确保环境信息顺利准确地得到传达，这样不仅可以提高城市的亲和力，还可以提升城市的形象好感度。可以说，一个城市的开放程度和文明程度与标识导向系统的完善程度是成正比的。

随着经济全球化和新媒体的迅速发展以及大规模的城市化进程，越来越多的城市面临景观元素趋同、文化特色丧失等问题，很多新兴城市让人产生"千城一面"的感觉，建筑、景观元素无法突出城市的文化、塑造城市的独特形象。这样的局面不仅会造成人们的审美疲劳,更为严重的是它容易使置身其中的人们对环境产生迷惑和感知上的混淆。过去,人们对于环境的感知主要是通过对建筑、道路等视觉实体的印象作为参照物产生方位的定位,而在同质化趋势影响下的城市环境中,建筑形式、道路面貌越来越具有相似性,这必然使环境自身的可识别性降低。这就要求城市管理方面重视标识导向系统在城市空间导向中的作用,具体环境具体分析,完善城市环境中的标识导向系统,提高城市环境的可识别性,使置身在其中的人们快速便捷地了解城市环境信息。[①]

面对城市环境复杂化和多样化,标识导向的作用得到重视,在城市公共环境中得到广泛使用。但是,随着城市日新月异的发展,城市的环境信息也随之变化。如果标识导向更新滞后,就无法充分发挥其作用,反而会产生不良的效果。同时,环境的复杂化和立体化,必然会使环境信息产生多层次、多样化的局面,如果对于标识导向系统没有统一、系统的规划与管理,多个不同范畴的标识导向系统的视觉效果互相干扰,会导致环境信息的混乱、繁杂,无法让人们快速、准确地捕捉环境的导向信息。

不同范畴的标识导向系统应该在城市有关部门的协调下进行整合,以利于提高不同标识导向系统的功能并优化城市景观效果。

第二节　符号学视域下的信息传达

一、视觉原理

（一）视觉系统的结构和生理

脊椎动物的视觉系统比较复杂,人类的视觉系统已进化到登峰造极的程度(图1-1)。人的视觉系统从眼睛开始,光线经过角膜、晶状体、虹膜和玻璃体落到视网膜,产生光化反应,变成电信

---

① 朱钟炎,于文汇. 城市标识导向系统规划与设计[M]. 北京:中国建筑工业出版社,2014.

号,经过若干层神经细胞加工后,由神经节细胞轴突形成的视觉神经向中枢传送。大多数视神经纤维经侧膝体上达视皮层,执行视觉图像识别等主要视觉功能,称为第一视觉通路,这里着重介绍这一通路的结构和功能,这一通路也是哺乳动物,特别是人类得到高度发展的系统。视神经纤维中分出少量纤维,又分成几条道路分别通向不同的目的地,执行不同的功能。其中视网膜—顶盖通路(或称视网膜—上丘通路)与视觉定向行为、眼球运动有关。还有视网膜—前顶盖通路与瞳孔对光反射有关。最后有极少量的视神经纤维通到视上核(suprachiasmatic nucleus),它在动物的昼夜节律的调节中起重要的作用,这些对人来说较为次要的视觉通路在较低等的脊椎动物的生活中却起重要作用。近来研究表明,它们在人的视觉形象识别中也起一定作用。例如,某些"盲视"患者,虽然第一视觉通路(特别视皮层受损)被阻碍,仍能分清简单的形状,进行无意识的操作,依靠的是这些非"主流"视觉通路(图1-2)。

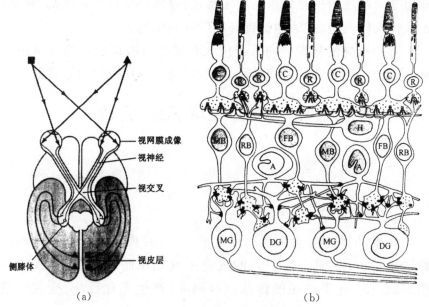

(a) (b)

图1-1 人的视觉系统的解剖图

C:视锥细胞;R:视杆细胞;H:水平细胞;A:无足细胞;MB(RB):双极细胞;MG(DG):神经节细胞

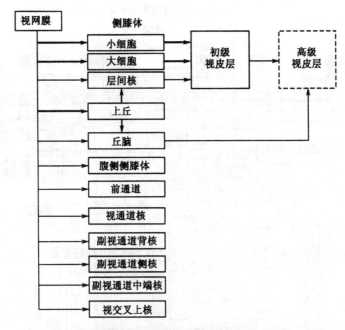

图 1-2　哺乳动物视觉系统的主、副通道的模式图

　　整个视觉系统形成一个极为复杂的层次系统,像一座高层大厦中的管线布量,密密麻麻,牵涉大脑皮层的许多区域,据报道,视皮层的 60% 与视觉信息的处理加工有关。但是到目前为止,视觉研究仅在最初几个阶段有所进展和了解,相当于大楼底部的一二层。上面的许多层,它们的功能牵涉图像的记忆、识别,视像的产生和理解等认知心理现象,至今了解甚少。

　　图 1-3,一个方框代表一个皮层区,方框之间的连接线表示它们之间在解剖上有神经纤维存在。图形底部方框边上的文字 RGC 是视网膜神经节细胞的英文缩写,框内的 M 和 P 分别代表大细胞系统和小细胞系统。底上第二层方框 LGN 代表侧膝体,它投射到 V1 区(视皮层一区),然后到 V2 区。其他各方框代表的皮层区过于专业,在此不一一注明,读者只要理解视皮层的复杂性就可以了。

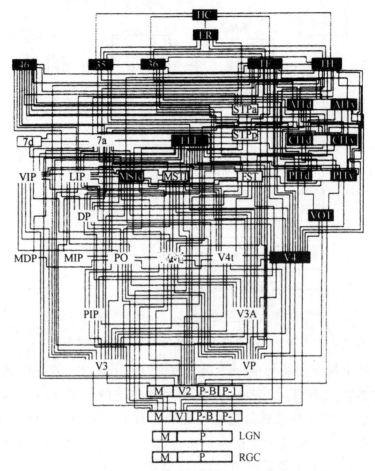

图 1-3 猴视皮层各区之间联系的示意图

（二）视觉心理

意识问题为历代智者思索而不得其解。心理学从哲学中分离出来以后，就把意识问题作为其主要研究对象。内省法无法进行客观的、定量的测量，结论往往令人置疑。20 世纪行为主义学派一度在心理学中占主导地位，于是把意识问题从心理学中驱逐出去。20 世纪中叶计算机得到飞速发展，人工智能、机器人产业应运而生，人们期待计算机能够具有自我意识，机器人能知道自己的身份地位，于是，机器能否有意识的问题提了出来。20 世纪也是神经科学、脑科学大发展的时期，人们对大脑结构和功能有了很多的了解,对意识产生的脑机制,有了一些切实可靠的证据和看法。于是,意识问题再度受到重视。但是,这次兴趣高潮,不仅是心理学一门学科的事情,而是涉及许多以往与此无关的学科,如物理学、人工智能、机器人、神经网络、认知科学等,它们都对意识问题感兴趣,而且积极参与其中,形成 20 世纪末在世界范围内对意识问题研究的热潮。①

在这个研究意识问题的热潮中,有一位领军人物值得一提,他就是 1962 年诺贝尔奖获得者 F. Crick。他因与 Watson 一起提出 DNA 的双螺旋结构模型而获奖。科学界赞誉他们的工作为开创了分子生物学的新时代。他们的贡献被列为 20 世纪三大基础理论之一(另两项为相对论和量子力学),Crick 获奖后设定他人生的下一个目标是研究意识问题。从 DNA 的分子结构到人的意识问题,跨度很大。他花了近 30 年的时间,补充学习了神经科学、心理学等方面的知识,于 1995 年出版了一本高级科普书,名为 *Astonishing Hypothesis*(《惊人的假设》)。他在该书中明确认为,意识问题可以用还原论办法解决,即意识是人脑中神经元及相关分子活动的产物,现在到了用实验办法来研究意识问题的时候了。他建议把视觉作为研究意识问题的突破口。由于 Crick 本人在学界的声望,他的著作被认为揭开了用自然科学办法研究意识问题的序幕。

Crick 在他的著作的序言中就声明,他对无休止的思辨式的争论不感兴趣,他希望研究以前也不必在意识的定义上争论不休,因为这些争论于事无补。但是哲学家喜欢这些概念上的思辨式的争论。意识有多种方面和状态,如自我意识、感知觉、痛觉、清醒态、昏迷态等。在这众多的意识内容中,选取什么内容作为研究意识的突破口呢? Crick 认为视觉是研究意识问题的最好的突破口。

人是视觉动物,人们常说,视觉是五官之首,据估计 80％～

---

① 王云九,武志华. 心灵之窗:视觉研究的进展、应用与意义[M]. 北京:科学出版社,2010.

90％的环境信息通过视觉进入大脑。大脑皮层中有60％的皮层与视觉信息处理有关。从进化和发育角度考虑，视网膜是脑的一部分。视觉系统也是一个比较容易进行实验的系统，也是取得重大进展的神经科学分支之一。Crick在他的著作中提出视觉是研究意识问题的突破口的论点之后，在短短的10年时间内，已取得多项重大进展。

二、艺术认知

R. Arnheim(1904—1994)是德裔美国人，毕生从事美学研究和教育，在柏林获博士学位，因不满希特勒的法西斯统治，于1940年移民美国，1946年入美国籍，1956—1960年曾任美国美学协会主席。他的两本巨著：*Art and visual Perception*《艺术和视知觉》和*Visual Thinking*《视觉思维》，都有中译本。*Visual Thinking*一书的中译本译者滕守尧为该书写了一篇长达36页的、很好的译者前言，扼要介绍了Arnheim的学术思想。他从心理学角度来研究艺术美学，并把视觉上升为思维的一种。

德国是格式塔心理学的发源地，Arnheim生于德国，他年轻时就接触到格式塔心理学，终生追随这个思想，并有所发挥。他企图用数理科学的办法来研究人在观看一个图形时的心理效应。例如，观看一个极简单的图形，方框中有一圆点，圆点偏隅一角，看上去有一种不稳定的感觉，心理上形成一种力，这个力朝向正方形的几何中心。假如圆点画在方形的几何中心，看上去就会感到稳定、对称、平衡、秩序、和谐，产生美的感觉。他认为一个图像落到观察者的眼中，传递到他的大脑皮层，就会产生心理上的"力"和"能"，这种力和能似乎也符合物理学的规律，趋向于势能低的方向运动，达到简单和谐的稳定点。

图1-4如果画框中有一黑点，出现在画框的右上角(a)，当人们观看这样一幅简单的画作时，感到一种不平衡的感觉，而观看(b)图形时，却有稳定感。

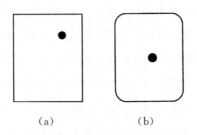

(a)　　　　(b)

图 1-4　Arnheim 的不平衡图形

Arnheim 在 *Visual Thinking* 一书中更把视觉考虑作为思维的一部分,这个观点有相当的超前意识,特别是在 20 世纪 90 年代国际上对意识的问题产生强烈兴趣时,诺贝尔奖获得者 Crick 提出视觉是意识研究之窗的看法,不能认为视觉是一个简单的精神活动。Arnheim 认为视觉过程不是简单地看到什么东西就认为是什么东西。首先,视线的扫视是个主动的探寻过程,然后还要把看到的东西组织起来,构成一个整体,赋予意义。如果看到的东西中缺失了某一环节和成分,还会加以填充和补缺,如 Kanizsa 三角形,就是主观轮廓的最好例子。这种推想现在已被神经电生理所证实。在一幅五彩缤纷的图画中,把目标对象与背景分离开来似乎是眼睛的一种本能行为,但是这种行为却是异常复杂的分析综合过程,需要动用过去已经认知和学习过的东西,加以比较和判定,然后作出决策,而且这个过程是"本能地""无意识"进行的,观察者不可能明白地用言语告诉你这个过程细节。所以这个过程与以往的学习记忆有关,需要分析、比较、决策的过程的参与,是真正的思维,这是一个"无声"过程,具备思维的一切要素。其次,人在进行创造性思维时常常依靠于视觉意象。有人问爱因斯坦创造相对论时头脑中是如何产生新的观点时,爱因斯坦回答说,先在头脑中出现具体的视觉形象,然后再把它用抽象的符号表达出来。德国著名有机化学家凯库勒在发现苯的分子结构前,曾做了一个梦,梦见原子在眼前飞舞,后联结成一条蛇形,首尾相接,从而启发他发现苯的六角形环状结构。这些事例说明,人在进行创造时,起爆点常在形象思维领域。近代脑科学家研究表明,人脑分左、右两个半球,它们在认知功能方面有所分工：左脑擅长逻辑思维和语言表达，而右脑却擅长形象思维和创造灵感。这个结果似乎印证形象思维与创造性思维同居于右半球，它们在神经生理学上是相通的。最后，人识别事物的最后阶段需要形成概念。例如，看到太阳就是红的圆的发光体，人具备一个头脑和四肢等，这个概念的形成需要一个抽象的过程，也是思维的典型过程。而 Arnheim 的著作开创了视觉艺术理论，英国美术史和美术评论家、英国美学学会主席里德评论认为："系统地将格式塔心理学应用于视觉艺术的一部极为重要的著作，美术心理学的各个专题在书中第一次获得了科学的基础，它势必会产生极其深远的影响。"美术家们发现，他们将从书中大受教益。可惜 Arnheim 已经去世，他的研究方向却值得人们继续探索，因为他的理论与核心是视知觉在脑中产生的力、能和场决定美感的产生。而这个"力""能"和"场"究竟是什么东西，能否具体给出，如何精确测量等，都是值得探讨的问题。Arnheim 在 *Visual Thinking* 一书的前言中写道，通过对知觉，尤其是视知觉的研究之后，我深深地懂得，感官"理解"周围环境时所涉及的典型机制与思维心理学中所描写的那种机制是极为相同的。反过来，大量证据又表明，在任何一个认识领域中，真正的创造性思维活动都是通过"意象"进行的。

三、信息符号演变

符号（Mark Note Reference）是代表事物的标记，最早由图形简化抽象而来。这种最初只是象征性地将身边的物体描绘成简单含义的记号或符号，经过长期传播和不断完善，逐步形成了以象征性为主的，表现有多种复合寓意的，由图形、标志、文字、颜色、几何形状等视觉元素组合形成的公认的信息符号。

信息符号的出现和广泛使用，标志着人类公共信息的统一化趋向，越是发达的、高度文明的国际化城市，其公共信息符号系统越具有先进性、通用性，越能够快速地被人们传递和理解。在信息时代的今天，标准信息符号是构成图形、标志、文字、电子数码等多种技术信息传播载体的基本要素,其设计与应用领域涵盖了城市公共信息系统和城市建设规划、信息产业等领域。

300万年以前,当南方古猿从南美大陆沿海岸线迁徙逐食之始,就开始沿途创造信息符号,这些符号指引人类寻找生存和安居的家园。这些始终伴随着人类文明进程的符号源于规定或约定俗成,其形式简单、易辨认,有广泛的认知性和可读性,具有很强的信息传播功能。古代的中国人为了帮助记忆或增强识别性,发明了表述或象征、区别某种事物的各种记号,后来通过考证发现,在世界各地都有这种习惯和做法。符号和文字同出一源,都是由原始社会的符契、图腾发展而来,远古时代的每个氏族或部落都选用一种认为与自己有特别神秘关系的动物或自然物象作为本氏族或部落的特殊标记(称为图腾)。例如,女娲氏族以蛇为图腾,夏禹的祖先以黄熊为图腾,还有的以太阳、月亮、乌鸦为图腾。最初人们将图腾刻在居住的洞穴和劳动工具上,后来就作为战争和祭祀的符号,成为族旗、国旗和国徽。[①]

随着人类的进化,人们产生了一种对事物的识别意思,产生了共识的信息图形符号。参见图1-5古老的图形符号。

这些古老的图形符号表现了人、人们、打仗的人、狩猎的人、人的不同活动、动物、工具、农具、脚印、太阳等,这些符号表达了一定的意义,并可以传递信息。中国自秦以前在商品交流时用作凭证的印章,汉代时期铜器与漆器铭记,再到唐代制造的纸张已有暗纹符号,到了宋代商标的使用也相当普遍,如北京的中国历史博物馆藏有宋代山东济南的刘家功夫针铺,就在商品包装上印有兔的图形符号,并有"认门前白兔儿为记"文字说明,所谓"为记"就是标记符号。清代用招牌、幌子表示米店、布社、茶馆、药铺、酒坊等,可以说这些都是中国早期的信息符号。参见图1-6清代店铺的信息符号。

---

① 牟跃. 城市公共信息符号设计与规划[M]. 北京:知识产权出版社,2013.

图 1-5　古老的图形符号①

　　在 2005 年日本爱知世界博览会上，中国馆以"自然、城市、和谐——生活的艺术"为主题，将中国的传统信息符号生肖图形和"百家姓"设计到馆厅外立面上，创造出"中国符号"独特的视觉效果，向人们准确地传达了中国馆的主题，这些符号所传达出来的图腾信息都具有极强的认知性。参见图 1-7"百家姓"的部分符号。

　　文字起源于远古的近似文字的图形符号。然而在远古居民遗留下来的岩画、石刻符号、族徽等大量带有图形的信息中，又如何去判断哪一种仅仅是画形，哪一种是文字呢？有学者认为，可视图形复杂与否来判定：图形化成分越多越偏于图的本意，而符号化成分越多、结构相对概括而简单的则偏于文字的本意。

① 胡珂 . 图形语言［M］. 杭州：中国美术学院出版社，2002.

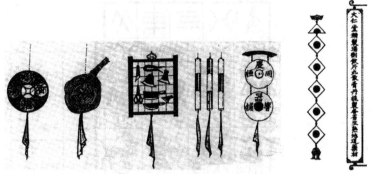

图 1-6　清代店铺的信息符号①

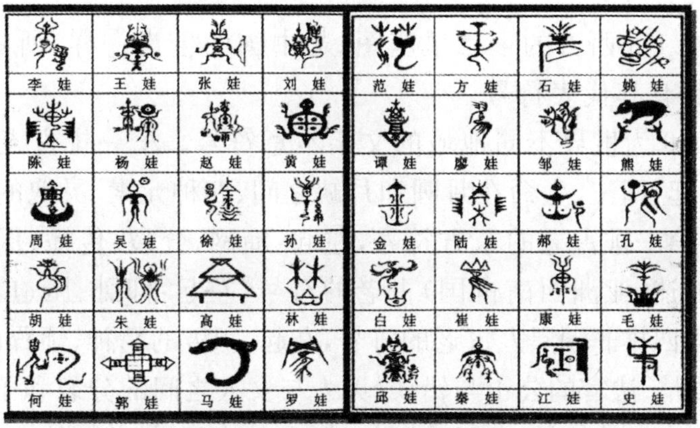

图 1-7　"百家姓"的部分符号

图 1-8　西方的十二星座图

---

①　左起:油坊、大车店(旅店)、铁铺、染料铺、响器铺、中药店的膏药、冲天牌。

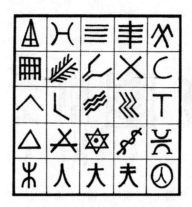

图 1-9   世界不同地域的文字本意符号

如图 1-8 西方的十二星座图(与中国的生肖一样)所示,每一种星座都有其代表符号。

图 1-9 为世界不同地域的文字本意符号。第一排古老的东方符号,左起:国王、生命在月圆和月缺之间、四种元素、灵魂的升起净化、山。第二排古老的东方符号,左起:渔网、分裂、传播、保护、弓。第三排亚述(亚洲西南古国)古老的符号,左起:仰卧、压迫、水、光、平衡。第四排非洲黑人古老的符号,左起:积极的精神、烦躁的心情、如火的爱情、法官的公正与错误、男人与女人之间的分裂和争吵。第五排中国古老的符号,左起:树、人、大、天或上帝、被关押的人。

表 1-1   从符号到字母(文字)

前 4000 年 古埃及人	前 2000 年 塞姆人	前 1300 年 腓尼基人	前 1100 年 希腊人	100 年拉丁人 (罗马人)
牛头	牛	牛头	AA	A
院子	屋子	院子	BB	B
叫喊	窗子	叫喊	E	E
草叶	手	草叶	KK	K
眼睛	眼睛	眼睛	OO	O

　　中国的古文字源于商代（以甲骨文为代表），止于秦代，历时1000余年。在商代，国王在做任何事情之前都要占卜，甲骨就是占卜时的用具，甲骨文是刻在龟甲和兽骨上的古老文字。甲骨文作为最早的系统文字，对其他古文字有着广泛而深远的影响。汉字的"六书"原则在甲骨文中都有所体现。其具有鲜明的象形性，指用文字自身的形体来表示现实中存在的"物"和比较抽象的"事"。如人（侧立的人形）、大（正面人形）、心、戈等。参见图1-10甲骨文的"象形字"。

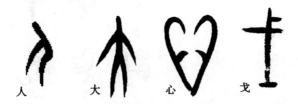

图1-10　甲骨文的"象形字"

　　甲骨文的"象形字"是通过形所体现的符号来传达意思，直观性最强，故最易识别，是一种原始的造字方法。语言学家认为：一旦图形符号与语言形式之间出现了约定俗成的固定联系，它就完成了向文字的过渡。也就是说，不管这个符号复杂与否，是不是更像图形，只要它与被表达的事物之间有了一种众所周知的固定关系，是被用来代表语言的，就属于文字。一个符号往往具有多个编码元素，其中的主导元素决定了该符号的性质。如，许慎在《说文解字》中举"日"字为例，"日"字甲骨文为圆圈中加一点（或一横、一小圆圈），"鸡"和"羊"字象形头部，是以局部特征代替全形。参见图1-11"羊"等象形字。

　　象形文字的意象化源于符号含义和创意的延伸，文字是在原始的符号基础上演变而来的。象形文字是对事物表面形体上的认识，是一种传达信息的简单语言符号，是在当时的特定环境中产生的，还称不上系统的文字。而现代汉字的发展已比较系统、完整和规范化了，现代的文字符号是在现有的文字基础上发展变化的，要比原始的象形文字更具深一层的文化内涵和新的表现形式，是一种符号的再创意。现代信息图形符号设计采用的是现代化的元素符号，是汉字结构上的再符号化、再创意化，让人们在熟悉已有汉字的基础上达到一种"旧字新意"的符号概念。这种重新构成符号的新概念，给单调枯燥的符号设计带来了一股新的设计风潮，深刻影响着现代信息符号设计领域。

图 1-11 象形字

符号与文字是怎样进化的呢？其发展历史可用图 1-12 符号的进化过程来说明。从图 1-12 中可以看出，近代图形符号是由原始绘画与符号发展而来的，而原始绘画与符号经过图画文字与象形文字的演化后，走向两条发展道路，一条是文字，另一条是图形符号。图形符号的根源可以追溯到象形文字、图画文字和原始绘画与符号，古代的原始绘画与符号既是文字的祖先，又是现代图形符号的起源。参见图 1-12 符号的进化过程。

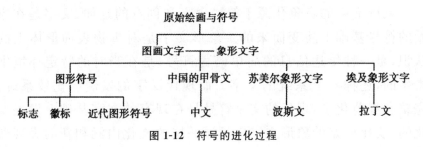

图 1-12 符号的进化过程

许多"象形字"与符号结合构成了新的象形文字。如人的"腋下",甲骨文只好用人形之左、右各加一点符号来提示,字形为"亦";如母亲,用在"女"形加上两乳的符号表示是哺乳婴儿的女子,即母亲;如妻,或说甲骨文像女子出嫁时梳头之形,或说甲骨文像一长发女子为人所掠之形,反映了古代掠夺婚姻的习俗。参见图 1-13 与符号结合的象形文字。

鹿　　　　禾　母　　　　妻　　　虎

图 1-13　与符号结合的象形文字

这种象形的符号及字体的组合形式也是现代汉字与汉字组合和符号与图形相互组合成现代标志模式的进化起源。

四、信息沟通

从生理学角度而言,如果没有信息,人类便不能判断,从而无法行动。每个人在行动之前都要经过获取信息,到认知和判断,再到行动这一过程。比如在通道中行走,一般要掌握地面、墙壁、屋顶和照明设备等构成的空间情况信息,在确认安全和方向的前提下再往前行进。一旦感知到这条路不知通往何处时,就会产生迷失感,就会犹豫需不需要再往前走。可见,信息感知是人类活动的前提,标识的指示信息设计来源于人们对信息的感知需求。

一般来说,人接收的信息可分为意义信息和形象信息两大类。意义信息是指说明事物或环境空间的名称、状况、功能等这些可以用语言来确切描述的物理性信息,可以用"知道"或"不知道"来判断。形象信息是指印象、感觉、气氛、情绪等难以用语言准确表达的心理感知性信息,可以用"感觉到"或"感觉不到"来判断。导向标识的意义信息主要包含两部分内容,一是对整个环境场所进行的命名定义或说明介绍,二是对环境空间的导向指示。

导向标识的形象信息主要是通过标识形象来塑造环境氛围。这也就确立了导向标识的三大作用：一是为人们指路；二是为人们提供环境信息；三是提升环境的形象。

如图 1-14 所示，当进入第一张图所设想的环境中时，我们只获得空间给予我们的视觉感受，如会有这样的感知"这里空间挺大的"，但是却不能判断这个场所的功能；但是如果进入第二张图所设想的环境中，我们第一反应就会是这样——"哦，这里是个停车场"，立刻就获得了对环境功能的认知。

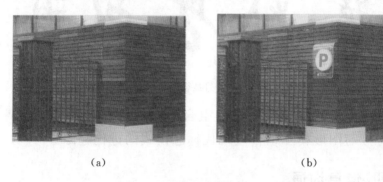

（a）　　　　　　　　　　　　　（b）

图 1-14　形象信息与意义信息示意图

显然，空间本身所传达的信息偏重于形象，人们可以依据形象信息对环境特征形成一定的认知，但无法完全明确环境信息，难以了解空间的名称、状况、功能等对于人的活动有重要指导意义的信息。导向标识在环境中发挥的首要作用就是对空间意义信息的说明，其次是对环境形象信息进行补充，能有效唤起使用者的形象思维，从而对人的活动进行更高效的引导，帮助人们进行空间信息的感知与判断。

在信息沟通交流过程中至少存在着一个发送者（传达者）和一个接收者（搜寻者），一般包括六个环节：①发送者需要向接收者传递信息或者接收者需要信息；②发送者将所要发送的信息译成接收者能够理解的一系列图文、语音等要素信息；③发送的信息传递给接收者；④接收者接收信息；⑤接收者将接收到的信息翻译成自己能理解的信息；⑥发送者通过反馈来了解他想传递的信息是否被对方准确地接收。

统计资料表明,如果一个信息发送时 100％正确,到了接收者接收信息时可能只剩下 20％的正确性。一般而言,由于导向标识信息交流过程中存在着许多障碍因素,这使得交流的效率大为降低。因此,设计师有必要了解信息被理解的程度,形成信息的双向构架。

反馈调查一般在导向标识项目运营后,进行评估工作前。反馈调查时要注意导向标识信息交流的个人因素障碍如下:个性因素,知识水平的差距,个体记忆不佳,对导向标识信息的态度不同。例如,酒店客人认为是来享受酒店服务的,对酒店导向标识不十分关注,而倾向于服务员引导;商场顾客则要搜寻购买的物品,对商场导向信息自然关注。酒店客人和商场顾客的主观心态不同造成了对导向标识信息的态度不同,导向标识所能发挥的作用自然有差异。

在信息传达设计过程中,认知主要是通过视觉、听觉、嗅觉等感觉器官进行,认识外界事物的过程是对作用于人的感觉器官的外界事物进行信息加工的过程。人脑接收外界输入的信息,经过加工处理,转换成内在的心理活动,进而支配人的行为,这个过程就是信息加工的过程,也就是认知过程。让受众理解并接收信息,以引发相应的认知行为,是认知心理学对导向标识信息传达设计的指导意义所在。

导向标识信息传达,也就是人们常识的指路(Guide),目标之一是让人们在脑海中形成一张某个地点或环境的假想地图。所以地点的布局越有条理,人们脑海中的地图也就越清晰。换句话说,对于道路布局复杂、路线迂回交错的地点(例如,高速公路或城市高架路的立交桥枢纽),即使是最精心构思的导向标识也不能为所有人解决指路问题。

认知心理学中的"路线搜寻"是描述人在身处新环境时如何确认自己的方位,以及如何确认及跟随行进路线、从某一地点到达下一地点的认知过程。路线搜寻可以指具体的行程,如在公园寻找景点,也可以指虚拟的游历,如浏览数字标牌在线寻路软件界面;可以是熟悉的,也可以是陌生的,如陌生城市的交通系统。当一个人思考方向的时候,路线自然会在大脑中浮现。这条路线可以是基于记忆重现的,也可以是依靠书面记录的,如地图或者文档,这完全取决于使用者自己和行程的复杂性。这条路线最初也许仅仅只是大脑中的计划,之后可以被地标、地形、现有的路径、建筑等环境因素影响,或者被性别角色、心理焦虑、审美偏好等个性因素影响,也可以被导向标识造型、色彩、尺度、版式、文字、图形符号、信息图、地图等设计要素影响,从而发展成型。

认知心理学使用两种不同的知识集来判定空间方向:①如果使用环境提示和地标来寻找路径,使用的就是"基于路线知识";②如果依靠查阅空间再现物的方式(如地图)来选择自己的路径,就是在使用"查勘知识"。"查勘知识"在身处新环境时显得尤为重要,而"基于路线知识"则更适用于在熟悉的环境中寻找路线。当然,在实际情况中,往往是两种方式综合使用。

导向标识信息搜寻,也就是人们常说的寻路(wayfinding),是一个主动的过程,需要当事人全情投入,注意周围环境,确定正确的方向。对寻路产生影响的因素有:空间特征、视觉元素、功能设施、导向标识。还有一部分人更擅长于理解从口头上获得的信息,所以他们更倾向于询问别人从 A 地至 B 地怎么走,而不是跟着路标或者地图走。不过,在周围没有人可以询问的时候,就只有看到的导向标识和其他提示能够帮助他们了。

若国家相关的法规对标识信息内容有明确的规范,设计时一定要严格遵守,否则项目有可能无法通过政府城管、消防、环卫和旅游等相关部门的审核验收,最后还要被责令修改。例如消防法规对电梯安全信息标识内容确切的措辞、字号、颜色和文体都有规范约束。关于电梯安全标识内容做出的其他要求还包括:①在紧急逃生楼梯使用的消防图形符号和文字;②与电梯前廊有关的显示防火楼梯位置的疏散地图,还需要带有路线指示;③电梯组的识别字母或者编号;④禁止吸烟提示语或者禁烟图标。

导向标识系统中的信息设计要主次分明,包括系统中标识与标识之间的主次关系分级处理，以及单个标识中信息主次的区分。正常人在某一特定时间、条件下处理信息的能力是有限的，如果信息量过大、过于复杂会增加心理负担和压力，影响情绪。对于复杂的建筑空间来说，为提高标识导向效果，避免不必要的信息干扰，使人们能够快速、准确识别目的地，需要对导向信息进行分类、分级。标识系统的设置应充分研究使用者的信息需求，对信息进行归类、分级，做到完整有序，防止出现信息不足、不当或过载的现象。

依据人的视觉感知因素，不同的视觉角度往往使人们对事物产生不同的重视程度，从而可以对主要信息和次要信息加以区分。一般来说，人们行走过程中的视觉习惯是平视，平视的效果给人感觉方便、舒适，比较容易看清内容以及整个标识的形状。据《德国蔡司公司电生理仪器检测的正常人视野报告》研究表明正常人平视中心视野区域角度为 30 度这样一个视维内，上视10.07 度、下视 20.65 度，这是人的视野相对比较舒服的一个角度。所以一些带有重要信息的标识的尺度往往是控制在正常人平视时的 30 度视维内。如果不在这个视野范围内，最好是高出这个范围。因为高出的话，意味着使用者是仰视的视觉角度，仰视给人一种稳定、雄伟、高大的感觉，有着非常强烈的震撼力，往往一些形象性标识会通过这种方式来表现，从而对形象信息进行突出表达。

运用光线来实现导向标识主次信息关系的区分。在导向标识的系统布局中，首先要考虑到自然光线的明暗度。如果重要信息标识放在暗光环境中，很容易被人们所忽视。在人工采光的过程中，往往利用光线的明暗或局部照明来产生亮度上的对比，形成明显的层次区别。如上海地铁站中，出口或转乘口的导向标识往往比较明显，在自然照明的贴墙式和贴地式标识基础上，以吊挂式灯箱标识进行光线的加强，突出信息内容。

导向标识版面的信息量较大时，宜对信息重要度进行排序，反映重要信息的文字或图形符号宜通过色彩、尺寸对比等版面设计手段加以突出，以区别其他一般信息。异类的信息宜单独设置版面，有利于加强效果。同类信息可版面一体化设计。处理好主次关系，有利于合理利用标识版面，可以通过不同视觉效果的版面设计来实现。为了突出主题，往往在标识系统的图形符号和文字的安排上形成鲜明对比。重要信息可以用放大的图形或文字来表现，反之可用缩小的图形或文字。如很多场所中的停车标识，往往以一个大大的醒目的"P"来突出主题，以引起使用者的注意，而一些楼层号标识往往以较大的楼层数字来突出。

在公共环境中，导向标识必须传达有助于理解环境和行动的信息。在设计时必须保证信息传达的准确到位：数据要正确、比例要准确、方位要明确、措辞要确切。

真实正确的信息数据才能有助于人们对下一步的方向及活动进行正确的判断。如有些地下停车场的限高、限速数据提示，如果不准确，必然会影响使用者的行车安全。

准确的比例关系能够让使用者对环境有一个初步的把握，有利于下一步活动的安排。如从一些环境地图的指示中，使用者可以根据标识上所标示的比例关系来估测距离远近，从而合理地选择交通工具。

方位的明确更是导向标识设计的关键。尤其是在比较复杂的环境中，需要多方向指示时，更需要对方位指示的正确性进行现场的反复勘查，避免错误的发生。在设计时，一定要将表示方向的箭头角度与道路角度保持平行一致，并且必须标明目前用户所在的准确位置，让使用者对自己的朝向有一个清楚的认识，从而以自己的朝向为基准识别其他各个方向。

在当前的导向标识中，信息主要还是以视觉传达为主，其中又以图形符号和文字为主要表达要素。语言文字表达要清晰准确，言简意赅，尽可能通俗易懂，一些生僻的文字尽可能不要出现在标识信息语言中。图形符号信息也要选择大家熟知的，不要为了发挥创意而随意创作图形符号。

第二章　公共空间信息设计的科学性概要

日常生活中,常常会接收到很多传递扭曲的信息,信息设计就是用来解决这些问题的方法。信息设计本身是要将大量的、有复杂结构和层次的信息,用简明扼要、易于浏览和查找的方式呈现出来。

第一节　中外公共信息符号设计的标准化

尽管符号被现代人视为标志和文字的起源,但城市公共信息符号从 19 世纪末才开始出现。距今 100 年前的欧洲城市开始注意到公共信息符号对于城市发展的重要作用,在城市总体规划和建设中对所有建筑、道路、公共设施的信息符号识别以及传播媒介和形式载体进行了统一的设计,并随着城市的发展,不断完善公共信息符号体系,方便了人们的生活与出行需求,促进了城市经济和交通旅游的发展。

1895 年意大利旅行俱乐部设计了一批公共信息符号,它是最早的现代公路信息符号系统之一。1900 年,在巴黎举行的国际旅游组织同盟的一次大会上,公路图形符号标准化被上议事日程。研讨了路标标准化问题。1903 年提出国际标准化的是 IEC(国际电器标准会议)。1909 年,公路图形符号标准化取得了进展,9 个欧洲国家的政府一致通过了世界第一组国际标准的 4 个公路危险符号:交叉路、弯路、路不平、铁路横过。这是现代图形符号全球标准化发展的重要里程碑,从此,现代公共信息符号的作用与影响跨越了国家和地域,朝着世界通用标准化的方向迅猛发展。这是信息符号进化史上的伟大飞跃。参见图 2-1。

图 2-1　1909 年的世界首套国际标准符号

1946 年,来自 25 个国家的代表在伦敦召开会议,决定成立一个新的国际组织,其目的是促进国际间的合作和工业标准的统一。于是,1947 年 2 月 23 日正式成立了 ISO 组织,总部设在瑞士的日内瓦。

1949 年联合国机构为促进各国交流,消除语言障碍,提出了建立通用标准的城市公共信息符号的提案。联合国首先要求每个国家都要实行本国统一通用的图形符号国家标准;然后再由不同国家组成区域性的通用标准,如现在的欧盟标准;最后组合各个区域的标准,编制出被每个国家都理解和认知的、世界通用的图形符号国际标准。

1949 年联合国机构的提案发表了一些单纯明快、很容易被各国理解的象征性交通信息符号,很快在以西欧为中心的各国得到普及。随着国际间交流的不断发展,象征性图形符号越来越受到重视。1970 年,国际标准化组织(ISO)成立了图形符号技术委员会,负责在图形标志领域制定相关国际标准 ISO7001 图形符号系列;1972 年在柏林召开的"ISO 标志会议"提出了 4000 多种图形符号,得到了 ISO 的认定。

1988 年,亚洲举办了第二届奥运会——汉城奥运会,这促使韩国的公共信息图形符号实行了国家标准化。韩国借鉴了东京奥运会的经验,制定了韩国国家标准公共图形符号,为奥运会成功的举办创造了条件。2005 年,我国为了迎接 2008 年 8 月 8 日召开的北京奥运会,要求重新制定和完善公共信息图形符号国家标准系列。

第二节　中外公共空间信息设计的核心要素

一、版面

（一）视觉流程

视觉流程是指视线作用于画面空间的过程。人们阅读版面时，一般都是由左到右、由上到下、由左上沿着弧线向右下方流动。所以，编排视觉流程是一种视觉的"空间运动"，视线随着版面的各视觉要素在空间内沿着一定的轨迹进行运动，从而形成一定的视觉习惯。

心理学家格斯泰在研究版面规律时，指出版面在一定尺度的空间范围内，不同的部分有着不同的视觉吸引力和功能。上半部的视觉诉求力强于下半部，版面左侧的视觉诉求力强于右侧。在版面设计不同的视域、不同的重心、不同的导向会产生不同的心理感受。如上半部给人轻松、自在、积极向上之感，下半部给人稳重、消沉、低迷、压抑之感；左侧给人轻松、自如、舒展感，右侧给人束缚、紧张、局促感。

设计画面与视觉元素都是静止的，而观者的视线则是流动的，设计者应利用诸种元素间的差异，作出有序的配置。有计划地调整视觉元素之间的综合关系，能使画面获得自然严谨的视觉秩序，对信息传达次序也能起到引领和带动作用。设计师还必须了解人类的生理和心理的视觉规律，明确人们的"最佳视域"（图 2-2）、"最佳视域区"（图 2-3）、"最佳焦点"（图 2-4）和普遍的"视觉流程"（图 2-5）才能设计出好的版面。编排设计应结合主题，按信息传达具体目的来制定视觉流程，这也是版式设计的基本要求。

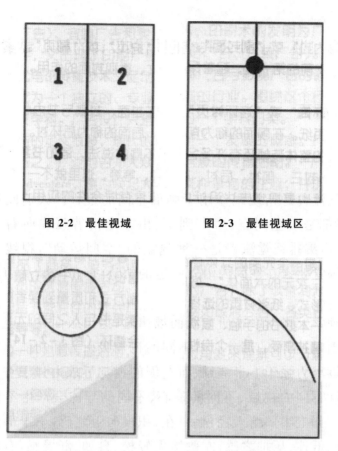

图 2-2　最佳视域　　　　图 2-3　最佳视域区

图 2-4　最佳焦点　　　　图 2-5　普遍的"视觉流程"

　　从种类上划分,视觉流程基本上可分为重心诱导、位置关系、导向式、形象关系和单向式五种;若从视觉顺序的角度划分,则又分为反复式与单向式两种。

1. 重心诱导流程

　　重心诱导流程适用于信息传达主次划分不十分明确的主题。版式设计中的元素编排,往往将观者的视线开端含蓄地安排在版面的重心位置,关键在于,这种组织方法需要在版面中配置一个在动势、方向上与重心点相反的形态,从而使画面整体获得足够的视觉张力。只有这个因素存在,重心位置才会被引导和强调出来。

2. 位置关系流程

位置关系流程适用于追求单纯感的设计,它是编排设计的常规技巧,清晰有条理。在视觉浏览方向上强调秩序性,如上下、左右或对角关系的顺序关照,往往利用人的自然视线过程组织画面,引导视线逐点向既定方向前进。

3. 导向式流程

由潜在(虚示)或显在(明指)骨骼引导的视觉流程,转化为视觉元素间的组合关系主要有两种:以连接的形态引导出视觉主体和以分离但相互呼应的形态(动作、姿势或眼神)引导出视觉主体。

4. 形象关系流程

形象关系流程所使用的形式手段,是利用形象吸引力分清主次秩序。在对视觉元素的布局安排上,主要以点、面的对比关系衬托视觉主体,而面通常是背景,是画面的底层,点则是画面的视觉主体,处于前层。面与点的存在关系具有两方面的价值。一方面,是以形式的手段加强视觉主体,从而达到更为有效的信息传递,面与点之间往往存在明度、色彩、大小、虚实的对比关系,并以此将点衬托出来。另一方面,从设计创意的角度看,面是设计所营造的整体情境、氛围的载体,而处于其中的点,则被这个面烘托和包裹,使主题印象得以深化,形成一个更加有力的信息传达的整体。

5. 单向式流程

单向式视觉流程是指版式设计中的强势诱导因素占据主动态势,逐步推展出视觉主体的设计手法。比如位置关系、形象关系及导向式的视觉流程,都是按照既定顺序将视觉传达的主体加以突出,视线的流动过程是以单向秩序为主。

（二）编排设计的方法

编排设计的版面通过空间分隔可将各种信息按照功能、逻辑有序地组合和分列。对版面空间构成的把握主要反映在理性化的分隔、感性化的分隔以及虚实空间三方面。

1. 理性化的分隔

理性化的分隔最常见的表现为网格设计。网格设计又称网格系统，是现代国际上普遍使用的一种编排构成方式。它是在版面确定好比例的格子中分配文字和图片，重视版面的连续性、清晰度，给人以整体、严谨的秩序感。

2. 感性化的分隔

感性化的分隔打破了网格设计严谨的分隔方式，是按照设计者的感受来界定版面区域划分的编排构成方式。版面空间中信息的主次顺序、形象之间的平衡关系主要通过直觉来处理。

3. 虚实空间

虚空间是针对占据版面形体的实空间而言的，这个空间因是表现形体之外或形体之后的背景而往往被人忽略。然而，虚空间与实空间具有同等重要的意义。若没有虚空间的衬托，人的视觉就无法集中。留白是虚空间的特殊表现手法，如果把空白当作实体，把文字和图当空白，就会发现空白的形状和衔接方式、大小、比例、方向等决定着版面的设计质量和深度。可见，编排设计中的虚实空间的处理，是为了更好地烘托主题、渲染气氛。虚实处理得当，会使主题鲜明突出，给观者留下联想的空间。

二、图形

符号化的语言——也就是我们所说表义上的图形语言，信息用图形释义，最重要的就是一定要强调被人理解。信息设计中图形语言的特点、清晰地组织数据是图形语言的首要任务,传达信息的基本要求是准确、快速,信息图形语言表达的优点是准确、生动、信息量大。图形可以激发人的各种潜能,使人快速、高效地识别与处理图像,而图形所传达的意义可以瞬间产生大脑的反应。当一个信息图形呈现在受众面前时,无须更多的解释和推理过程就能直接进入受众的心理空间,进而可以推断出受众对图形的理解和接受远远大于对烦闷数据以及繁复文字的接受。信息是由无数的文字和无数的数据组成的,文字和数据的呈现往往是混乱的,无规律可言的。信息图形语言的传达过程不是对可读可见的信息的简单阐释,而是把有用的数据、文字组织成有价值的信息,进而过滤、归纳、总结。因此图形语言视觉化表达可以挖掘数据中的关键信息,并进行组织和整理,这是图形语言视觉化传达的首要任务(图 2-6)。准确地展示数据是信息图形语言传达的又一个特点,如同语言表达一样,准确的语言表达会让人茅塞顿开,恍然大悟,准确的信息图形传达也会使受众有同样的感受:信息图形语言传达需要设计者对受众的了解,进而让图形语言准确地传达出文字及数据所要表达的内容。通过信息图形语言吸引受众的注意力,在此过程中完成对信息内容、含义、顺序、交互点的传达。另外,通过有力的信息语言传达来划分信息的视觉层次,哪些信息是需要重点突出的,哪些信息是需要退而言之的,这些都需要用准确的图形语言及其色彩来表达的。它使受众可以在短时间内迅速地做出反应,推导出该信息所要传达的层次结构。

科隆波恩机场导向系统的发展超出了图示自身的发展,因为巴黎昂泰格拉尔公司为了适应理想化的图示特意开发了一种字体(图 2-7)。其图形符号和文字符号都建立在相同的设计结构和基本形式的基础上。通过与图形符号和文字符号统一造型网格和相同的基本要素的应用,图形和文字处于一种和谐的状态。线条粗细和细节彼此一致,形成了一种令人信服的统一。此外,图形符号在形式上转化为两种类型:一种类型是体现惯常风格的招贴画线条式的转化形式,另一种类型是逼真的侧面剪影的平面形式。在这两种转化类型中，后者很少作为经典的导向使用，而是具备一种图解特征。

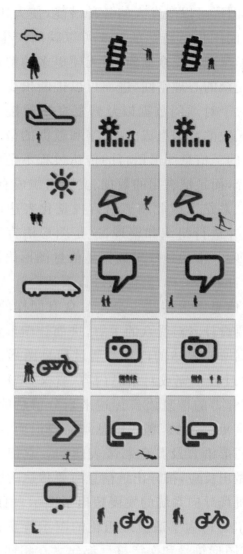

图 2-6　科隆波恩机场信息导视系统设计

图 2-7　图形与文字

三、文字

语言是传达思想情感的媒介,文字是记录语言的符号,是人类文明发展到一定水平的产物。祖先为了记录事件和交流思想感情曾经使用口耳相传、结绳记事、木刻石凿等方法。但只有文字的发明才是最通用、最稳定的传播方式。文字的形态受书写工具和材料的影响,例如早期的甲骨文、石鼓文以及后来的毛笔字,随着书写材料的普及,文字的普及范围也在扩大。在人类信息传达活动中,文字是承载信息量最大、使用最普遍的视觉符号。

"形""音""义"构成了文字的三要素,文字是利用形体,通过声音来表达意义的。意美以感心,音美以感耳,形美以感目。文字不仅在乎形,也在乎形所给予的优美感觉,这种追求美感的文字称为字体设计。字体设计是运用装饰手法美化文字的一种书写艺术,千姿百态,美观实用,在现代视觉传达设计中被广泛应用,并以它的艺术感染力起着美化生活的作用。

人们早就发现,文字形态的变化,不影响所传达信息的意思,但能够影响信息传达的效果。就仿佛大写的字符 A 和小写的字符 a 传达的意思不变,但是,大写比小写给人的感觉更正规一样。以文字为主的视觉传达设计就是运用文字的这一特性,根据设计意图和目的,对文字的大小、结构、排列乃至着色等方面加以选择,形成新的视觉冲击力,以表达新的意味和内涵,产生更佳的信息传达效果,使同样的意思给人以不同的心理感受。

利用汉字"象形""会意"的特点将字形的结构转化为图形的意象,或加入其他图像点出主题,它往往以丰富的想象力,运用夸张、增减笔画形象、变体装饰等手法,重新构成字形,并通过文字本身的笔画和字形结构去反映形体美,体现用笔美、结构美、意境美,也就是"以形写意"。经过精心设计的字体,比普通字体更美观,更具特色。

四、色彩

信息设计的使用人群根据不同环境而变得不同：公众场合里的导视系统、标识系统等，受众人群即所有人。信息设计有时针对一些特定人群：为公司设计公司章程的图表或者财务报告，针对人群就是最终能够阅读到信息的商业用户群体。

设计师在设计信息时要严谨认真，并尊重客观逻辑性。生活中有许多信息设计，如出现在药物包装上的使用说明、仪器设备的操作说明、特殊情况下的紧急通道注释等。也就是说，信息设计的一个重要职能是加强用户对产品的信任度。所以，如何才能鼓励用户放心使用产品？只有设计师通过有效而富有逻辑的设计手段将信息传递给用户，用户看到信息后，坚定明确地获得并信任这些说明性信息，才能保证产品在不通过人为解释的前提下，传递有效信息，使用户放心舒心地使用此产品。

设计本身是为大众服务的，这一点与19世纪末开始的现代设计的宗旨相符合。所以设计的好坏不在于做了多少功，而在于是否具有一定功能性，对受众是否有用，从这一点来看，往往简单的设计更容易服务大众。任何的服务都具备一定的时间和使用的过程，所谓过程就会有长有短，我想，不会有哪一个顾客希望在餐厅长时间地等待菜肴上桌，在银行办理业务的时候等得太久。设计也是如此。信息设计的过程其实是一个做减法的过程，设计师拿到数据后，首先判断的是哪些数据有用，哪些属于垃圾数据，判断的依据还是看数据对于大众是否有用，读者是否关心某些信息，这样的信息设计才有针对性。在设计的时候，开始会有很多的想法和庞大的构思体系，但是随着深入分析，信息层级会越来越清楚，这个时候还是要做减法，能简化的图标尽量简化，能去掉的线段就不要有任何的不舍，一种颜色能代表的就不要使用多种颜色去表示，有些时候，我们会觉得普通的一条线段看似单调，但是当你把所有层级的线段都画出来，再配上文字和图标，那一定是一幅丰富的信息设计，反之，一条线段的色彩就五花八门，那最后的作品展示一定是色彩混乱的,不容易识别。最好的设计是自然和适合的,简单的设计可以让设计变得更为自然,而不做作。"画龙点睛"是在自然的层面上使事物更上一层楼,而"画蛇添足"就会让某些细节变得多余。所以,对于设计师来说,如何控制自己作品适度自然也是很重要的。设计师看待自己的作品像孩子一样,哪一部分都不舍得割舍,但是从整体来看,我们还是要保证其服务的职责,所以,在必要的时候,尤其是设计后期,应该多做减法,使其自然而简洁。

第三节　中外城市公共信息符号应用

一、中国城市公共信息符号应用

(一)北京奥运中心区下沉花园

奥林匹克文化与城市公共艺术有着深厚的渊源。奥运公共艺术作品,作为凝固的音乐,构筑着该城市的文化底蕴,塑造着该城市的文化品牌形象。公共艺术构筑、装置、装饰的共享性、参与性和视觉冲击,都为奥运文化和城市文化的展现、表达搭建了有效的途径。

2008 年北京奥运会为北京城市公共艺术的发展带来极好的机遇,是塑造文化北京、艺术北京的国际形象的历史性重大契机,又是中国人民向世界展现中华文化的绝好时机。北京的公共艺术作品既应具有鲜明的中国特色和东方神韵,它又应是全球理解的、世界关注的、国际制作水准的、高技术支撑的文化艺术精品。

下沉花园具备了传统园林的基本特征:它强调了南北序列,增加了地上地下的过渡层次,并用统一的语素围合了东西界面。设计中大量采用"中国元素",并赋予中国传统语汇以现代感(图 2-8)。

图 2-8　围合东西界面的红墙与灰墙

　　紫禁城和四合院是北京城的代表,在以往的等级社会中,它们被高耸的红墙截然分开。今天,随着多元、开放、平等和谐时代的到来,红墙的禁止功能被交流功能所取代,这条难以逾越的边界开放了,因而设计提取了传统元素"红墙"(图 2-9)、"灰墙",寓意"开放的紫禁城",既保留了北京原有的意象,又通过"红墙""灰墙"重构了全新的城市景观空间,形成一条纽带,联结了历史与未来。灰墙的设计以钢架支撑,提取传统园林中窗格的形式,并以灰瓦填充,形成漏墙,和背景的红色墙体形成鲜明对比。

图 2-9　1号院的红墙宫门

在下沉花园的 7 个院落当中，1 号院用地面积最大，以故宫午门前广场为设计意象，使原本的异型空间具备了传统礼仪空间的稳定感。正对大台阶入口是午门意象的宫门——红墙宫门。结构形式采用钢结构梁柱体系。门架高 11m，宽 36m。门洞高 5.8m，宽 16.4m。门扇高 6.0m、宽 9.0m，为钢结构电控滑动门，导轨安装在门扇底部。门扇南面户外全彩 LED 显示屏，屏幕关闭后可播放宽 18m、高 5m 的巨幅画面。门架顶端南侧为棚架，143 根铝型材一端与门架铰接固定，8m 长型材和 4m 长型材交错布置，相互连接，形成两条曲线，抽象地表达了中国建筑的神韵。

3 号院为礼乐重门。利用鼓（图 2-10）、琴、箫，将人们带入中国古典音乐的殿堂。设计师将鼓的形态具体化，设计巨大的鼓墙，243 面鼓最大的直径达 2.6m，从 2 号院跨越下沉花园顶上的钢桥，跨入 3 号院"礼乐重门"。

图 2-10　3 号院的鼓墙

箫在数千年华夏文明中有着悠久的历史，以其独特的音色和韵味给人一种悠远、苍凉的感觉。在下沉花园 3 号院中，制作了直径 300mm、壁厚 8mm 的不锈钢箫管，表面进行镀钛处理。16 根"排箫"自北向南依次排列，最高的达 7.5m，长度依次递减，最短的也有 2m 以上。管上有孔，当风吹过时可发出"呜呜"的鸣声。箫管的下部有灯，夜晚光线从箫孔射出，既可照明，又为夜景增添光彩（图 2-11）。

图 2-11　3 号院中可作庭院照明的排箫

　　最东侧功能用房墙面上安装着一排排的细索,轻轻拨动可发声,这就是古代琴的象征(图 2-12)。设计者在这块玻璃幕墙上拉起细索(琴弦),琴弦可以拨动,拨动时弦下便会送出美妙的声音。琴弦拉紧机构设计在琴的上部,选用直径 1.5mm 左右的琴弦,过粗的琴弦音色太低,过细的琴弦视觉效果差。琴弦的材质选择上,使用工业用不锈钢网线。

图 2-12　3 号院中建筑立面上的琴弦

　　7 号院位于下沉花园最北端,为奥运中心区与奥林匹克公园衔接点。东南角是以马术运动为题材的雕塑,再现了唐明皇、杨贵妃与王室贵族驰骋赛场,纵马戏球的唐代盛景。雕塑的造型是依照唐代风格塑造的。雕塑中,男子矫健倜傥,女子丰腴娇媚。女子的服饰华美而开放,发上簪牡丹花饰,马尾按照当时的风格束扎起来。雕塑中央的说明牌造型取自出土的唐代马球铜镜,上面雕刻着唐代莲花纹的鞠球。雕塑在浓郁的唐风古韵中,透露出强烈的传承创新的视觉印象。雕塑的艺术感染力与周围的建筑环境更是有机地结合在一起(图2-13)。

图2-13　杨贵妃纵马戏球雕塑

神态各异的"仙人走兽"取自紫禁城宫殿最高级别金銮宝殿的饿脊上的仙人走兽,与幻化为11根立柱的宫墙融为一体(图2-14),以意带形,凸显恢宏的皇家气度。

图2-14　11根立柱上的仙人走兽雕塑

(二)城市广场雕塑《生机》

作者:张静

位置及环境:昆山市经济技术开发区

昆山市经济技术开发区地处长江三角洲太湖平原,东邻上海,西接苏州,是江苏的"东大门",被称为上海浦东的"连接站"。经过十多年的开发建设,昆山开发区已基本形成一个具有现代化气息的综合园区。在开发区的规划中有一个较大的广场,该广场的空间结构简洁,视线开阔,可很好地接受阳光和反射光,这也是雕塑的最佳位置。它的作用可以使雕塑成为该开发区的标志,且具有集合周围建筑群的作用。

昆山过去被称为鹿城,根据委托方的要求,设计者初期构思时主要围绕这一命题进行,并分别绘制了多幅草图。设计师在构思信息的表达上,首先将文字信息转化为图形语言,图形传递的信息要比语言文字更直观,它是设计师表达形象思维能力的最基本手段,运用图形语言可以提高工作效率。

显然这些构思草图没有令设计者与委托方满意,主要体现在无法与现代化的经济技术开发区的环境相协调。

在此阶段,面对多种方案草图,设计者与委托方进行交流沟通,对现有的方案进行梳理,提出若干条富有创意的解决问题的方法与思路。

重新确立设计的方向与思路,根据地域文化及环境特征确定构思核心问题,并且分离出若干个关键问题,针对关键问题寻求问题的解答。深入研究获得的各种信息,寻求解决问题的途径,寻找局部问题的理想解答,将局部问题聚合成整体,形成对核心问题的整体解答。

总之,对设计思路作出理性、客观的评价,进一步发展和深化设计思路。

由于当时开发区处在建设初期,不属于国家十四个沿海开发区,是当地政府自主投资开发建设的,在政策上并不享受国家的优惠政策,被称为"石缝中长出的嫩芽"。设计者受这一线索的启发,将思路定格在"富有生机的幼芽"这一寓意深远的主题之中,使作品富于更深的意蕴和更高的境界。将时间、空间与实体融合在一起,给欣赏者开辟了更为深远宽泛的思维空间,并从中产生形态联想。

最后定稿的雕塑以直线和环形向上的曲线为基本元素,在直与曲的交错中产生立体变化,应用多个相同元素,通过不同高度的排列组合,强调作品的韵律和节奏。银色的雕塑能很好地与周围环境相协调,整体造型介于装饰和抽象之间,九根似芽非芽的巨大造型以及银亮的色彩,强烈的腾空而起的动态,赋予整个空间以生动的意象,令广场充满了生机,表现出现代广场雕塑的简洁风格和时代特征。

选择抽象和装饰的语言作为雕塑《生机》的表现手法,其原因在于抽象化雕塑与现代建筑及环境都具有共同的艺术语言特征,注重表达一种空间氛围或意境,而基本省略直接具体地再现细部;现代生活节奏和时代脉搏不断地加速,客观上促使环境艺术更讲求总体效果,更着力于十分鲜明的第一印象;同时,人们艺术欣赏和审美情趣的提高和变化,也希冀现代雕塑应有更大的启发性和积极性。

由于大型雕塑一般采用金属加工,雕塑的平整度是目前城市雕塑加工技术的难点,《生机》在制作时利用分缝处理,金属折板,尽量减少人工锻造产生的痕迹,同时应用氩弧焊和激光焊(切割)等多种技术。

为了保证作品的安全性和稳定性,雕塑使用了大量的槽钢、方钢等内部结构件,并由金陵造船厂这样大规模企业制作,以保证雕塑的质量。

图 2-15 为方案一草图。围绕着鹿城的方案进行构思。采用顶天立地的构图方法,直线与弧线产生强烈的对比。雕塑的下半部分采用环行浮雕,上面刻有鹿的纹饰。顶部是三个变形夸张的奔鹿,与下面的浮雕产生呼应,造型夸张、气势恢宏。

图 2-16 为方案二草图。采用常见的造型方法,立柱构成分割,产生高低起伏的变化,形式新颖。顶部一个昂首远望的雄鹿造型,形象分明、突出。整体造型以圆球、矩形的立柱以及鹿的自然形进行组合。

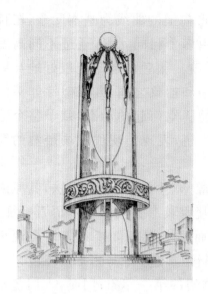

图 2-15　方案一草图　　　　　图 2-16　方案二草图

　　图 2-17 为方案三草图。这个方案的构思还是以鹿城为线索，造型夸张大胆。一只仰天啼鸣、振翅欲飞的凤凰仿佛腾空而起，雕塑的三角形底座造型坚实、稳重，使雕塑的主体更加突出，具有强烈的现代感，艺术地再现了鹿城的精神面貌（图 2-18）。

图 2-17　方案三草图　　　　　图 2-18　方案三效果图

　　图 2-19 为方案四草图。该方案完全从一个新的角度构思创意，没有局限于鹿城这一狭隘的范围之内。整体造型充满张力和动感，在空间形态中打破了单调的以鹿为主体的造型方法，放射性的锥体给人一种奋发向上的精神状态，形成具有张力的视觉效果。图 2-20 是该方案在原有设计稿的基础上，增加了一些"星"的

符号,意蕴昆山市经济开发区欣欣向荣的朝气。

图 2-19　方案四草图

图 2-20　方案四效果图

图 2-21 为方案五草图,图 2-22 为方案五效果图。该方案在原有的基础上,雕塑的体量更加宏大,触角延伸的范围直径进一步扩张,但总体上与上一方案没有太大变化。图 2-23 运用几何形的块面组合,以直线为主要的造型元素,与雕塑顶部的球形形成强烈对比。点、线、面在该方案中得到了充分运用,雕塑在体量、造型方面具有强烈的视觉冲击力。

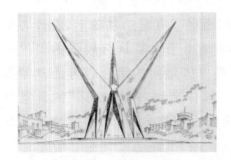

图 2-21　方案五草图

图 2-22　方案五效果图

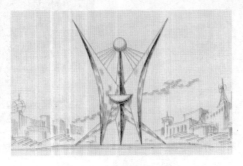

图 2-23　方案五修改图

图 2-24 为方案六草图。该方案分上下两部分,下部由环状的浮雕墙组成,造型厚重结实。上部由两根螺旋向上的结构组成,简洁明快,直线与曲线交叉产生的动感给人以向上的感觉。雕塑的上下两部分对比强烈又融为一体。由于制作成本的原因该方案最终被放弃(图 2-25)。

图 2-24　方案六草图

图 2-25　方案六效果图

目前的定稿方案是在总结前面多套方案的基础上,设计者重新创意的。该方案之所以被采纳是由于作品具有较强的现代设计观念,无论是在造型、体量还是单体之间的组合等方面都颇具新意:在抽象的造型元素里面能够体会到"初生幼芽"的具象符号,与昆山市经济开发区的委托要求相吻合,与周围的建筑及其环境协调统一(图 2-26、图 2-27)。

图 2-26　草图方案定稿

图 2-27　定稿效果图

（三）河北秦皇岛汤河公园"红飘带"

　　秦皇岛市汤河公园位于中国著名滨海旅游城市秦皇岛市区西部，城乡结合带上，坐落于汤河东岸，长约 1 千米，总面积约 20 公顷。项目由北京土人景观与建筑规划设计研究院和北京大学景观设计学研究院设计，2008 年 5 月建成。

　　2007 年美国景观设计师协会 ASLA 专业奖评委评语："这个项目创造性地将艺术融于自然景观之中，设计新颖却不失功能性，它有效地改善了环境。"

　　设计最大限度地保留原有河流生态廊道的绿色基底，维护其生态服务功能，最少量地改变原有地形、植被以及历史遗留的人文痕迹，并引入一条"红飘带"，用最少的人工和投入，最少的设计和工程，用节约型城市和可持续的环境理念，将地处城乡结合部的一条脏、乱、差的河流廊道，改造成一处魅力无穷的城市休憩地，一幅幅和谐社会的真实画面，满足现代城市人的最大需要，创造一种人与自然和谐的生态与人文空间。

　　整条"红飘带"由玻璃钢构成，夜晚，由于内部灯光的照射便如同一条红色巨龙曲折蜿蜒（图 2-28～图 2-31）。

图 2-28　"红飘带"与木栈道结合可以作为座椅

图 2-29　"红飘带"与种植台结合形成植物标本展示廊

图 2-30　"红飘带"夜景

图 2-31　"云"状天棚

（四）清华科技园景观廊架

图 2-32 是清华科技园中的景观廊架，放大了设计尺度，在建筑和人之间形成了良好的过渡关系，既丰富了景观层次，又减少

了建筑给人的压抑感。

图 2-32　清华科技园景观廊架

（五）潍坊城市广场

图 2-33 潍坊城市广场上的灯柱设计,很好地借用了风筝的元素,体现了潍坊作为"风筝之都"的地域文化特色。

图 2-33　潍坊城市广场

（六）大雁塔北广场

大雁塔北广场位于现在的西安市的主要交通干道,是典型的唐文化广场。大雁塔北广场的细部设计尽显唐代的历史印迹。大唐书法的地景浮雕共 4 组 16 块(图 2-34),将唐代书法代表人物欧阳询、颜真卿、柳公权、虞世南、褚遂良、怀素、张旭等的著名书帖,雕刻于紫砂岩之上,与广场上的唐代花纹地景浮雕协调搭配,使广场的唐文化氛围更加厚重。

图 2-34　大雁塔北广场地景浮雕

（七）烟台滨海广场

烟台滨海广场以诠释海文化为主,在景观亭(图 2-35)设计中突出地方特色,强化地理特征,利用张拉膜,形成景观架廊——如等待起航的白色风帆,迎着海风,体现着力度美和一份轻盈。设计尺度上也适度放大,和海的开阔形成呼应。

图 2-35　景观亭

烟台滨海广场座椅的设计借鉴了海豚的造型(图 2-36),进行仿生设计,增加了广场的海洋气息,材质上使用花岗岩,生态、耐用,有利于开展地方特色的民间活动,避免千城一面、似曾相识之感,增强广场的凝聚力和城市旅游吸引力。谐趣的设计风格,成为人们生活的调味品,又是组成环境设计的重要因素。

图 2-36 座椅设计

二、居住区作品欣赏

现代城市公共空间中,装置、装饰艺术品的含义比较宽泛,凡是现代城市公共场所的人造环境中具有一般艺术特性的艺术创作与设计作品都可归纳其间。它是城市经济和社会发展的一种体现,是人类对美好生活的重要觉醒,并逐步开始产生和树立一种整体环境意识。公共装置、装饰艺术品被放置在特定的公共空间当中,体现功能性、技术性、艺术性的同时,也要和周围的环境发生关系,因环境的属性变化而在风格、形式上产生变化。

位于广州大道北的"云裳丽影"居住小区以云南丽江风情园林景观为特色主题,因而在小区入口设置水车磨坊(图 2-37),让整个社区有着"家家门前绕水流,户户屋后垂杨柳"的韵致。

图 2-37 小区入口景观构筑——水车磨坊

东巴文字是丽江风情所独有的元素,被称为世界上唯一"活着的象形文字",带有一种遥远的、古雅的、神秘意味的感觉。小区景墙设计中以两种不同材质的墙体来营造,卵石体现了丽江水、丽江情,卵石饰面的景墙面积小、颜色重,与主景墙面形成对比呼应;机创面的花岗岩装饰了主墙体,面积大、色彩轻,并刻有东巴文字,表达主题(图 2-38)。

图 2-38　景墙

深圳万科"第五园"作为华南区域的现代中式第一楼盘,尝试了新中式的景观营造,吸纳了岭南四大名园的风格,辅以现代设计理念,通过"古韵新做"的设计手法,以灰、白基调进行构筑。漏墙设计虚实结合,以冰裂纹的传统纹样夹在白墙中,形成漏墙,融入传统文化底蕴的同时不留设计痕迹,使居者身临其境,感受到放松、亲切的氛围,体会到家园的美好。

入户设计着墨于中式民居的庭、院、门的塑造,在造型上,以直线为主,注重虚实结合;在色彩上,采用素雅、朴实的颜色,穿插少许防腐木的亮色;在材质上,以砖木为主,使整个社区给人一种古朴、典雅又不失现代的亲和感(图 2-39)。

万科"第五园"运用现代简洁的景墙窗框,将广阔的水面及对面的建筑有选择地摄取空间优美景色,并将动态的琴声、飘扬的小舟纳入其中,让人坐在园中,透过窗框欣赏美景,如临仙境。框景手法的运用加大了景深效果,营造出如传统园林般丰富多变的景观空间,达到步移景异、小中见大的景观效果(图 2-40)。

图 2-39　"第五园"入户设计　　　　图 2-40　万科"第五园"的景墙

再如,北京泰禾"运河岸上的院子"的设计有着中国传统宅院及王府宅邸的构筑精髓,其入户景墙主体呈灰色调,简洁、质朴且富有质感,传统灰搭配汉白玉和芝麻白的景墙既具中国内涵,又具时尚感。木格栅与实墙的转换既扩大视线范围,同时也丰富了街巷的光影景观效果。月洞门打破了高墙的封闭,映出后面的翠竹,前置高背椅让入户庭院更具沉稳、大气的王府贵气。宅门上设置了传统的铜梁、汉白玉浮雕、铸铜把手、铜雕壁灯,门前摆放着汉白玉的门墩,将整个宅门的尊贵感体现出来(图 2-41)。

图 2-41　"运河岸上的院子"入户景墙设计

中国传统的造园术和风水观,将自然本身视为最重要的表现主题,其中包含了对大自然、环境与人类生命的深刻体验。在中国的哲学和山水文学中,更是处处可见我们希望与自然亲密无间的心愿表达。安徽古镇的民居,在民间信仰指引下,将自然条件与人类居住要求融合一体,依地形建屋搭桥,随水系发展民居生态,创造出黑白分明、雅致错落的民居风貌(图 2-42)。

图 2-42 宏村

三、街道艺术作品欣赏

在景观小品中应用装饰图案不仅可以达到美观的效果,还可以使景观小品更准确地体现其精神内涵。合适的装饰图案应用可以使景观小品在凝固中产生动感,而把被赋予丰富寓意和象征的装饰图案应用到景观上,加深了景观本身的内容和含义(图 2-43)。

图 2-43 汉字图形的大门把手

例如,成都市区内的宽巷子、窄巷子是两条极具民俗意味的姊妹酒吧步行街,街区中的路标、门牌、垃圾桶等景观小品都包含了丰富的图案元素设计符号,将传统文化风格保留了下来。成都天府广场中心的金沙太阳神鸟雕塑、广场四周的十二文化灯柱上,都装饰了多种金沙、三星堆出土文物的图案纹样,塑造了极具西蜀文化内涵的城市景观形象,突出了地域特色(图 2-44)。

图 2-44 成都天府广场的十二文化灯柱

四、外国城市公共信息

(一)美国公共艺术作品欣赏

美国可以被称为世界范围内公共艺术发展程度最高、建设成果最丰硕的国家。美国公共艺术的快速发展离不开雄厚财力和科学机制的支持,将这两项基础集中起来的就是美国国家艺术基金会的"公共场所艺术品建设"计划,具体方式是强制市政建筑项目将款项的 1‰或 2‰用于公共艺术建设,美国公共艺术建设也因其筹资方式被称为"百分比艺术"。

"百分比艺术"是什么,具体是如何运作的? 美国芝加哥大型公共艺术《棒球棒》的资金来源介绍很具代表性:"by the Art in Architecture Program of the United States General Services Administration in conjunction with the National Endowment for the Arts."这其中的"General Services Administration"(GSA)是美国联邦总务管理局,负责掌管美国联邦(而非各州)的实物财产,特别是房屋、设备的建造、购置、管理与维修。"National Endowment for the Arts"(NEA)则是美国国家艺术基金会,该基金会大力推进"Art in Public Place Program"(公共场所艺术建设),以鼓励美国杰出艺术家走出美术馆。两大机构联手于 20 世纪 70 年代推出了"公共场所艺术品建设"计划,从所有市政建筑项目中提取 1% 的资金进行艺术建设,这为美国公共艺术的发展提供了雄厚且稳定的资金来源。1969 年,当 GSA 在密歇根州的大急流城建设联邦建筑时,他们与 NEA 合作向亚历山大·考尔德订购作品,与考尔德的合作正是这项伟大事业的第一块基石。

图 2-45　亚历山大·考尔德作品

除了提供资金,百分比计划还规定在所有建设项目中都设置一个由艺术家、建筑师、规划师和艺术评论家等组成的小组负责作品的审核与通过,避免了传统上由政府部门决定作品去留的状况,更具科学性。GSA 认为此举增强了联邦建筑的公民意义,展现了美国视觉艺术的活力,并为美国创造了持久的文化遗产。美国各州在其带动下也纷纷推行类似的计划,额度从 0.5％ 至 41.5％ 不等。这一运作机制也被简称为"百分比艺术",对美国公共艺术的繁荣,大量杰出公共艺术家的涌现起到了至关重要的作用。

美国纽约地铁自 1904 年通车以来,曾一直是肮脏混乱的地方,但在最近几十年里,美国地铁公共管理部门,邀请了来自世界各地的艺术家,在全纽约 460 个地铁站里创造了大量公共艺术作品。比如 E 线地铁 14 街与 8 大道站的月台、楼梯间、墙角及钢柱上,都是汤姆·奥特内斯的金属小人雕塑(图 2-46)。

图 2-46　美国纽约地铁雕塑

1981 年,美国艺术家里查德·塞拉(Richard Serra)的《倾斜的弧》,在纽约联邦广场落成。这是一件 12 英尺高,120 英尺长,由一种在露天环境中会生锈的钢板制成的巨大弧形雕塑,横贯整个广场。落成后即引起争论,居民们反应这件作品破坏了广场空间并阻碍行人(图 2-47)。

在美国这样一个历史不甚悠久的国度,费城铭刻着众多的历史印迹,17 世纪初,这里是爱尔兰人移居地。1682 年,威廉·佩恩带领 100 多位成员开始在这里兴建城市,市区布局也是由他亲自规划而成。到 18 世纪中叶,已发展为英国美洲殖民地中最大的城市(图 2-48)。①

图 2-47 倾斜的弧

图 2-48 市政厅建筑与雕塑是一个整体

美国国际象棋公园公共艺术将一条城市长廊改造为一座繁荣的社区公园,使游客与当地居民可以积极地在这里开展体育或者庆典活动。项目位于美国加州格伦代尔市,占地 418m², 格伦代尔市希望征集一个低造价、低维护成本、易建造的公园设计方案,为城市中心街区营造一处生机勃勃的聚会场所,为国际象棋俱乐部及附近居民提供一个安全、舒适的休闲环境。

设计公司是 Rios Clementi Halem 工作室,曾获得由洛杉矶

---

① 王中. 公共艺术概论[M]. 北京:北京大学出版社,2014.

商业理事会颁发的洛杉矶建筑奖和 2005 年度市民建筑奖,以及由美国建筑师协会洛杉矶分会颁发的 2005 年度公共空间建筑奖(总统颁奖)。

国际象棋公园位于布兰德大道中心街区的两个商店之间,这里曾经连接着停车场、剧院及周围的商店。在对这个矩形地块进行改造时,设计师仔细研究了国际象棋竞赛的悠久历史,并以其竞赛规则和战略、战术为公园设计的基础,使公园的每处细节都与国际象棋词汇的传统含义相关联。

为了体现出公园的设计意图,并控制公园的造价,设计师以棋子为模型设计了 5 座有趣的灯塔,每座灯塔高约 8.5m,底座采用 Trex(一种塑料与木料混合的再生产品)装饰材料制成,棋子形状的顶部由白色人造帆布制成,白天洁净、浪漫,夜晚则散发出柔和的光线(图 2-49)。Trex 材料的维护成本很低并且适用于不同的结构,国际象棋公园的舞台、座椅、墙壁以及灯塔都用 Trex 材料制成。

图 2-49　象棋公园的棋子灯塔

设计师从著名雕塑家野口勇的灯饰作品以及康斯坦丁·布朗库西的抽象作品中获得灵感,重新塑造了这些棋子的形状(图 2-50),并精心摆放在公园周围,使之能够呈现出古代雕塑的演变史,激发人们的创造力和挑战精神。

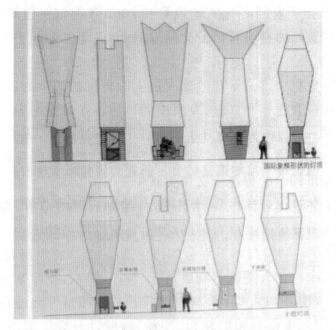

图 2-50　象棋公园里不同棋子灯塔的立面图

　　音乐家、演员、艺术家可以在国王灯塔对面的舞台展示他们的才艺，后面是由 Trex 装饰材料制成的灰色幕墙，构成了舞台背景，社区居民也可以在此进行一系列的活动。此外，幕墙还降低了长廊周围的高层建筑所带来的压迫感。运动区是公园的中心区域，人们可以在镶嵌了黑白瓷砖的象棋桌（共 16 张）上进行象棋竞赛（图 2-51）。

图 2-51　人们在镶嵌了黑白瓷砖的象棋桌对弈

　　《汤匙和樱桃》是奥登伯格在美国明尼阿波利斯市的一件作品。由于单体樱桃为圆形，轮廓缺乏丰富变化，因此奥登伯格加上了另一种现成品元素——餐勺。并依靠餐勺的特殊形态与环境水体巧妙融合，使整件作品既诙谐又富于形式感，是两种不同现成品元素进行组合搭配并能够取得成功的经典范例（图 2-52）。和《花园水管》一样，《汤匙和樱桃》也结合了能动的水体设计。水从樱桃茎部喷出，落入周边池塘中，为整件作品增添了极大的动感和美感。而在冬天水池封冻时，积雪落在樱桃上又使其变成了一个美味的圣代。

图 2-52　汤匙和樱桃

　　《平衡的工具》是奥登伯格在德国维特拉股份有限公司创作的一件现成品公共艺术作品。这件作品论高度不及《晾衣夹》，论占地面积与尺度不及《飞舞的球瓶》，但是这件作品却因对三种不同现成品元素的成功组合而著称。钳子、榔头和螺丝刀按照门形构图被组织起来，产生了既稳固均衡又富于动感的独特视觉效果。如奥登伯格自己所言，达到了一种"崩溃边缘的平衡"。组合后的形体克服了单一形体的单薄感，与初落成时的周边环境形成了良好契合。四年后盖里设计的博物馆落成，经过业主与两位艺术家的协商,《平衡的工具》迁移到新位置,并与背景中的盖里博物馆相得益彰,两者的扭转与不可预知感形成了完美的搭配(图2-53)。

图 2-53　平衡的工具

下图为奥登伯格的另一件作品《卡特彼勒履带上的口红》。作品本身具有较强的寓意和讽刺感,带女性意味的物体——口红,与履带的形体进行了组合,表达了女性施展魅力无坚不摧的含义。但单纯从形式上看,两者组合后的形体下部宽大坚实,上部挺拔细长,具有极强的稳定感或传统雕塑中的"纪念碑性"。

图 2-54　卡特彼勒履带上的口红

　　《被掩埋的自行车》(Buried Bicycle,1990)位于法国巴黎维莱特公园,是奥登伯格系列公共艺术作品中占地面积最大的一组。作品选用了一种和法国颇有渊源的现成品——自行车作为主要元素。考虑到公园场地的广阔面积后,奥登伯格决定作品应具有较大尺度并由露出地表的实体和地下的虚空部分按自行车的特定结构组成,这也是"笔断意连"的绝佳体现。每个单体都考虑了游客特别是儿童攀爬游戏的可能性。为了区别于公园内的一些红色小建筑,作品选择了蓝色作为主色调。

图 2-55　被掩埋的自行车

　　《被掩埋的自行车》中主题元素的选择来自流亡法国的爱尔兰作家塞缪尔·贝克特 1952 年的作品《莫洛伊》。书中主人公莫洛伊从自行车上摔下,发现自己躺在沟里并无法认知任何事物。这一故事和贝克特的代表作《等待戈多》同样荒谬,却引发人对生存处境的深刻思考,是描述人类体验和人类意识作用的杰出作品。同时法国还是自行车的诞生地,并拥有享誉世界的环法自行车赛。另外,奥登伯格在创作过程中还特别提到了两位现代艺术大师毕加索和马歇尔·杜桑利用自行车现成品进行的艺术实践。图 2-56 就是毕加索于 1943 年创作的《公牛头》。通过对自行车座和车把形态的观察、提炼和重新组合,使现成品具有了生命的意义。当然,这么多位大师不约而同选择自行车作为现成品艺术的主要元素,还跟自行车外形特征鲜明,主要结构明确且暴露在外,拆卸组合便捷等因素分不开。

图 2-56　公牛头

《针、线和结》是奥登伯格 2000 年落成于意大利米兰卡多纳广场的大型公共艺术作品,作品由高 18m 的穿线针和 5.8m 高的线结两部分组成。奥登伯格和布鲁根的最初设想始自附近的米兰火车站,决定用针插入织物的形态来表达列车穿入地下隧道的喻义:因为针与火柴一样都是轮廓比较单薄且缺乏变化的物体,因此奥登伯格用缠绕的线使其膨胀并富于美感。最后针线缠绕的图像还与米兰市徽——蛇缠绕剑不谋而合。作品的两部分相距 30 余米并被一条公路隔开,但观众依然可以感觉到完整的形态。两部分的长度比基本符合黄金分割律,整体形态又和环境形成呼应,给历史悠久的米兰城带来一份顽童般的不羁与天真(图 2-57)。

图 2-57　针、线和结

《锯子,锯》是奥登伯格为日本东京国际展览中心设计的公共艺术作品之一。主题的选择与周边建筑环境密切相关,比如作品鲜艳的红、蓝色调与建筑的灰色调形成反差,锯子的锯齿形状也与周边建筑的三角形元素紧密契合。同时奥登伯格还希望西式手锯能够脱离其功能。在陌生的东方环境中引发对其身份的全新诠释(图2-58)。

图 2-58　锯子,锯

《棒球棒》位于美国芝加哥,全高 29.5m,是奥登伯格最高的作品。从形式语言上,奥登伯格放弃了一贯使用的现成品原始形态,而是用低合金高强度钢条精心编织出棒球棒的立体轮廓,从而既在高度上与身边芝加哥的象征——西尔斯摩天大楼相呼应,又成功消解了自身的巨大体量而不显得过于突兀,为芝加哥这样一个处于衰落中的老工业城市带来难得的轻松与谐趣(图2-59)。

图 2-59　棒球棒

《漂流瓶》(Bottle of Notes,1993)位于英国米德尔斯堡,属于英格兰东北部利用艺术作品振兴经济不景气地区的项目之一。

由于著名航海家库克船长就诞生于此,因此作品主题一开始就被定位与航海有关。在短暂尝试了帆船等造型元素后,奥登伯格选择了漂流瓶,并意识到瓶身就可以作为文本记录米德尔斯堡的历史。与《棒球棒》不同,《漂流瓶》属于很特殊的框架造型,带有随机和有机性质。

漂流瓶瓶身外部的灰白色字母组成了库克船长日志中记录天文学家的一句话:"We had every advantage we could desire in observing the whole of the passage of the Planet Venus over the Sun's disk."内部的蓝色字母则记载了合作者、奥登伯格的夫人布鲁根的诗句:"I like to remember seagulls in full fhght gliding over the ring of canals."除了将瓶身作为文本记载媒介的用意外,丰富的表面形态变化也使观众的视线从漂流瓶呆板的轮廓上转移开,形式美感由此产生。内部由蓝色字母组成的另一套框架体系则增加了空间元素,进一步丰富了视觉观感(图2-60)。

图 2-60　漂流瓶

作品《克鲁索的伞》利用物体的结构骨架进行创作,显得别具一格。这件作品的选题过程颇有趣味,布鲁根早就希望奥登伯格在大型公共艺术作品中尝试更为有机的形态。奥登伯格受到《鲁滨逊漂流记》的启发,以鲁滨逊的第一件手工制品——伞为主要元素进行创作。由于鲁滨逊的伞只可能是用枝条制成的,因此奥登伯格的伞也必须结构化。他按照基地形态和形式美规律将伞倾斜布置以追求动感、均衡和指向性间的平衡,并完全按照伞的"结构骨架"而非轮廓来组织形式语言,取得了简洁、震撼并富于神秘色彩的艺术效果(图 2-61)。

图 2-61 克鲁索的伞

(二)英国公共艺术作品欣赏

乔纳森·考克斯(Jonathon Cox)的《公羊争斗》(1995)是两件巨石雕成的公羊,安放在英国舍菲尔德一家珠宝店的前面(图 2-62)。这两件雕塑相互距离很近,石头表面有些地方没有进行雕刻,有意保留了石头原始状态;在造型上通过两只公羊相互冲击的动态,构成各自的拱形,虽然体态较大,但却能给人以亲近感,孩子们可以经常爬上去玩耍。

图 2-62 公羊争斗

安迪·戈兹华斯(Andy Goldswonhy)是英国的生态艺术家。他的作品表达自然中瞬间与永恒变化的主题。他习惯在恶劣的天气里创作，时常等待下雪和刮风的日子。在 1988—1989 年的深冬，他和几个助手在苏格兰的格拉斯戈运输博物馆里展出 18 个大雪球，五天之后雪球融化，地板上到处是水，戈兹华斯用录像记录了这个变化的过程。他的另一件作品是给大树修建围墙，表现人类爱护自然如同爱护自己的家园（图 2-63）。他认为艺术能够影响生命、生态系统和文化环境，他的作品促使人们更在意身边的环境，他说"我们都是自然的一部分，不可能和它分离的"。

图 2-63　树的围墙

劳德维克·皮雷特（Lodewyk Pretor）的《历史终点》（1998—1999），是位于英国伦敦一个地铁站外汽车终点站里的作品：一个圆形的砖雕塑坐落在一个两层的圆形砌砖基座上，向上拱起部分是涂了颜色的砖雕，是一辆双层电车、一辆单层电车和一辆早期木制车轮的汽车。从另一侧看这辆双层汽车，是一辆有轨电车和过去常见的机动公共运输车（图 2-64）。

图 2-65 为阿克塞·沃肯奥瓦设计的绳索拱门，位于英国曼彻斯特大学的门外。在创作过程中，艺术家与一家钢索公司进行联系，获得了赞助原料、技术诀窍和协助建设等帮助，作品在公司的车间里制作，艺术家与一组雇员共同完成。

图 2-64　历史的终点

图 2-65　绳索拱门

（三）法国公共艺术作品欣赏

　　与美国相比,法国公共艺术走出了截然不同的道路,虽然没有美国那样雄厚的财力和稳定的机制,但是法国拥有悠久浓郁的艺术氛围,政府也有支持艺术的传统,这一切在巴黎新区拉德芳斯中得到了验证。

　　较早的代表就是 1978 年老一辈超现实主义大师若安·米罗为巴黎拉德芳斯区创作的大型作品《做扁桃花游戏的一对恋人》,

这也是超现实主义历经半个世纪的风雨后,在公共艺术领域发出的最强音(图 2-66)。

图 2-66　做扁桃花游戏的一对恋人

之后,法国雕塑家塞萨尔·巴尔达奇尼(Cesar Baldaccini)在巴黎拉德芳斯新区完成的《拇指》(*Le Pouce*)就是此中的杰出代表(图 2-67)。

图 2-67　拇指

由雷蒙德·莫雷蒂为法国拉德芳斯区创作的通风管道改造工程完成于法国经济繁荣、政治自信的 20 世纪 90 年代初,作品昂扬的形体和直插天际的高度都宣扬着当时法国人的大国雄心,这一点与附近塞萨尔的《拇指》是相通的。另外,作者用不同颜色向一个方向的伸展蕴含着汇聚各民族、各文化力量的意义,表现了当时法国创建一个多民族、多文化的社会,将拉德芳斯新区建设成世界的政治、经济文化中心的志向(图 2-68)。

图 2-68 拉德芳斯新区

1986 年丹尼尔·布伦在巴黎王宫广场的改造中引入了其标志性元素——条纹柱,以与广场柱廊相呼应,这些条纹柱高低错落,颇具现代美感。但作品落成即遭公众抗议,认为其破坏了王宫广场的历史氛围,一度要加以拆除。但是法国政府顶住了压力,经过十余年磨合,这件作品渐渐得到公众认可(图 2-69)。

图 2-69 丹尼尔·布伦作品

2000 年法国北部小城翁根勒本举办的双年展中,让－马里·克劳特(Jean Marie Krauth)在全市的人行道上,放置了 14 个"6×12 厘米"的不锈钢牌子,这些亮晶晶的牌子贴在人行道上,倾斜摆放没有高低起伏，与人行道的边缘呈对角状。牌子上边以镂空的方式刻了三个字"au lieu de"，这是一个法文的中性疑问语句，意思是"不……而……"，是取代和置换的意思，但作者并没有给出取代和置换的对象，所以这样一句话就成了无头悬案，能引起观看者的想象和思索（图 2-70）。

图 2-70　让一马里·克劳特作品

（四）俄罗斯公共艺术作品欣赏

莫斯科地铁是国家权力的象征，因而呈现奢华的风格（图 2-71）。1935 年第一条通车运行的莫斯科地铁，延续了帝俄时代的宫殿建筑传统，在装饰上采用了极其昂贵的材料，来自前苏联境内的 23 种大理石、贵重金属、稀有木材、水晶石、石膏与珊瑚，还有数不清的水晶吊灯、壁画、马赛克镶嵌绘画、浮雕和雕像，将这座人民宫殿装点得恢宏壮观，气势不凡。当时的统治当局相信，无产阶级理当拥有以大理石板、豪华树枝状水晶吊顶装饰起来的运输系统。在这里，地下空间设计成了政治待遇的象征。

图 2-71 俄罗斯莫斯科地铁内景观

（五）德国公共艺术作品欣赏

德国一直有着建筑由艺术家进行装饰的传统，称为"建筑物上的艺术"。

在德国公共艺术的发展中，德国本土艺术家开创了一条迥异于美国、法国的道路。德意志民族文化中深厚的思辨传统孕育过多位哲学大师，这种传统同样令德国艺术家具有反思与批判精神。

例如，图 2-72 是德国鲁尔工业区工厂里的机床。鲁尔是德国北莱茵—威斯特法伦州的一个地区，曾是欧洲乃至世界最大的工业区。该地区在传统工业衰退后，经过近 20 年的改造，将旧有的工业设备变成巨大的历史和技术博物馆，既再现了工业历史，又为人们提供了文化、娱乐园地。现在，整个鲁尔工业区成为一个博物馆和休闲区。

如果说波伊斯的作品以观念为主，没有留下太多有形的作品，那么位于德国斯图加特街头，一件出自瑞士德语区雕塑家汉斯·荣格·里姆巴赫的作品就是德国原创公共艺术的代表作品（图 2-73）。这是一件以不完整的人像为造型元素的作品，从基座中伸出的手肘托举着硕大的头部，头部以下则空无一物。人像既不青春靓丽，也没有古典意境，而是以高度的近乎逼真的写实手法表现了一位老年智者的形象，似在时刻提醒着过往的人们思考的意义，与美国、法国公共艺术中的戏谑、开放风格迥异。

图 2-72　鲁尔工业区

图 2-73　汉斯·荣格·里姆巴赫作品

最具代表性的案例就是保加利亚裔雕塑家克里斯托 1995 年创作的《包裹德国国会大厦》。德国国会大厦是一栋极具象征意义和传奇色彩的建筑物。在行动之前，克里斯托耗费了整整 24 年的时间，通过大量艰苦的、富有效率的社会交际和游说活动才争得德国行政、立法、城市规划等部门的允许。在此期间，他一直不懈地宣扬他的方案，广泛出售他的设计图，以争取经济支持（图2-74）。

图 2-74　包裹德国国会大厦

（六）日本公共艺术作品欣赏

日本公共艺术的发展走出了自己独特的道路，他们结合各地区的旅游发展和形象塑造，有计划地发展城市建设和建立雕塑公园。同时考虑日本国土狭小的特点，注重对已有设施的美化，增强整个城市的艺术氛围。由于经济发达且信息渠道畅通。20 世纪七八十年代以来的日本公共艺术建设往往紧跟美、欧最新趋势，并结合自身文化传统予以继承发扬。

立川市是以公共艺术提升地域价值的最佳案例。

1991 年 12 月，立川召开了立川"公共艺术策划公开投标竞标会"。在 5 个参标者中，日本著名艺术策展人 Kitgawa Fram 提出的《惊喜与发现的街》的方案脱颖而出。Kitgawa Fram 在《惊喜与发现的街》的方案中提出了他的构想：第一，世界的街。森林的趣味可以说是生命的多样性，不同的树木、声音、鸟类和昆虫也就是所谓的森林异构表达。那么对于艺术，不同的民族、不同的想法、不同的艺术形式可以有很多不同的材料，这就是多样性。多样性也是当代生活艺术的基础，艺术品会作为一个仙女出现在森林中，转变从一个艺术家与一个不同的想法开始。请不同民族、不同艺术风格的艺术家参加创作，创造一个多元和共生的世界，一个童话般的城市。第二，功能的艺术化。在这个高密度的现代建筑街区中不适合纪念碑式的雕塑，更重要的是要把那些裸露的、冰冷的，如墙壁、通风口、停车场、楼梯死角、检修门、标牌、灯饰、照明等建设工作不能进行处理的机能设施变成艺术创作的宝库，将这些机能设施逆转成一个强大的艺术传播场。第三，惊喜和发现的街区。有趣的街，我想走的街。新的城市没有传统城市生活的阴影，没有固化的特定性；让艺术走入生活，成为生活的伙伴；去熟悉，去触摸，去感受，艺术不是高高在上、画地为牢，而是随意摆放的、亲和的，人们可以和艺术交头接耳。"这竟然是艺术！"在这些惊讶的言语中，人们得知这是一个有惊喜和发现的城市。1992 年 3 月 Kitgawa Fram 当选为"FARET 立川"公共艺术总体策划人。

"FARET 立川"的公共艺术项目在 Kitgawa Fram 的总体策划下，聘请了 36 个国家的 92 名艺术家，创作了 109 件公共艺术品。1994 年 10 月 4 日，"FARET 立川"公开的当天，平日人流稀少的立川车站被四面八方涌来的人潮挤得水泄不通。小小的立川市以 109 件公共艺术品成为日本拥有公共艺术最多、最密集、融入市民生活最深的艺术街区，随之成了日本市民最喜爱居住的街区之一，地域价值随之飙升。

图 2-75 是天使的椅子，为了找寻爱的桥梁降落在立川。细心的天使有意拉开了距离，为了你们更容易接近、更好搭讪。太近不好意思，太远又无法接近。这是艺术家反复实验后的最佳距离，其目的是为两个素不相识的天使能够在此自然地降落，然后凭他们自然的沟通去缩短这个距离。艺术家还恶作剧般地将椅子做成了光滑僵硬而又冰凉的大理石，有意不让你们坐得太久。①

---

① 刘欣欣．日本公共艺术之旅：图文版[M]．北京：人民邮电出版社，2013．

图 2-75　天使的椅子

　　聆听自然的风曲,倾听爱的表白。艺术家用金属管为你装上了"顺风耳",金属管的两侧有无数风孔,风成了最伟大的作曲家(图 2-76)。当两个人同时向你倾诉,你该如何分辨谁是真心的呢?

图 2-76　闻风而歌

　　在现代化的都市里,人们可以舒适地享受现代文明。但是在人工的环境中也不可以忘记大自然。这棵像被随意丢放在这里的枯树干也许是世界上最贵的树干,它是用铜制成的,完全是人工的自然(图 2-77)。

图 2-77　木头长椅

　　光天化日之下有妖魔出现？还是我神经错乱走火入魔？这空空的椅子明明没有人，在地上却清楚地显现着人影，这是谁的错？难道我来到了有两个月亮的世界？鞋子还在这里，我却只见人影。是艺术家的恶作剧，让我体验了幻境般的世界（图 2-78）。

图 2-78　原样生活

　　图 2-79 是位于现代建筑空间中的一个"花盆"，据说艺术家的灵感来源于故宫的消防水桶。

图 2-79　相约在"花盆"

是哪家淘气的孩子竟然在路边的车上随便涂鸦？是谁如此霸道，竟把车停到了人行路上？你不必担心，更不用报警。转过来一看，这只是被锯成一半的汽车，它已无法开走，孩子们可以钻进去模仿大人的样子开车（图 2-80）。

图 2-80　奇妙的汽车

在东京都厅有一个供市民举行活动的市民广场。广场的蓝天中一条圆弧形的红色彩带腾空而起，直刺云天。这红色弧线就是日本现代著名雕刻家井上武吉为东京都厅大厦量身订做的作品，他用两块焊接在一起压成弧形的钢板，在僵硬的空间中架起了一座艺术的彩虹，钢板的横断面形成了东京（Tokyo）的首字母"T"（图 2-81）。

图 2-81　井上武吉作品

总体而言，日本在当代公共艺术领域发展的成功经验对同属东方国家的中国有很大的借鉴意义。

第三章　感知空间的信息设计

要想做好信息可视化设计,除了要理解人类认知心理学的相关知识以外,还需要掌握视觉表达的技巧。本章从感知空间的不同范畴展开研究,如城镇公共信息标志系统、城市景区、旅游区公共信息、城市艺术空间信息设计等。

第一节　城镇公共信息标志系统规划设计

20世纪,大多数商业郊区巷道的发展通常遵循"最引人注目生存"法则,随着标志尺寸的扩大,所含信息数量的增多,街道景观环境变得难以辨别。20世纪末,城市和城镇出现了反弹,人们厌倦了巨大、凌乱的道路标志,实际上几乎使人们无法找到商业目的地。新的法规往往适得其反,禁止道路上所有大型标志。如今,政府正在努力平衡标志能见度的需要与混乱和信息过载的问题。

内卡尔河岸居民区的导向系统强调了"人性化"的概念,设计师欲通过具有友善、亲和力的造型语言为当地居民营造一个轻松的居住环境。高层住宅区和阶梯式住宅靠近河岸,它们都拥有一组颜色代码——红色、黄色、蓝色(色彩的三原色)和一组图形代码——圆形、方形、三角形(几何形的基本元素),通过颜色和图形的不同组合搭配使高层住宅和阶梯式住宅形成了统一的视觉形象。此外,地下停车场的信息几乎没有运用到文字的元素,仅通过图形和符号传达出来。交叉路口的指示牌活泼可爱、充满了趣味性,设计师为标有青少年活动中心和幼儿园字样的指示牌配上了生动的标志(图3-1)。

图 3-1　内卡尔河岸居民区导向系统

第二节　城市地铁空间信息设计

一、地铁与地铁文化

地铁,为城市交通提供了便利,改变了生活轨迹;

地铁,体现了一座城市的灵魂和活力;

地铁,又是城市空间的延伸,城市文明的载体……

随着人们生活方式的变化,情感距离有所缩短,城市精神的内涵和外延也变得包罗万象,有容乃大。城市文明通过地铁延续和发展。

18 世纪的英国在经历了工业革命后,其城市区域有所扩大。与之而来的是大批农民失去耕地,涌向城市。城市的街道充满了马车和人群,整个交通濒临瘫痪。为了解决交通方面的难题,开通地下道路成了一个具有建设性的方案,并于 1863 年 1 月 10 日由律师查理斯·皮尔森投资建造一条自伦敦威廉王街到斯托克威尔全长 6 千米的地铁,缓解了交通压力。随后法国巴黎于 1900年世界博览会开通了第一条法国地铁,比英国晚 37 年,巴黎地铁被誉为世界上最好的地铁系统之一。受伦敦成功建设地下铁道的影响，美国于1868年首次建成高架铁道并投入客运，第一条建于地下的地铁于1907年建成通车。从世界地铁历史上看，纽约地铁虽然没有法国巴黎和英国伦敦的地铁历史悠久，但其发展却相当迅速。1900—1924年，在欧洲和美洲共有9座大城市相继修建了地下铁道，如德国的柏林、汉堡，美国的费城以及西班牙的马德里等。

英国伦敦在开通了世界第一条地下铁路后，亚洲国家日本的地铁于1927年在东京建成通车。至今，东京地铁从无到有已经发展为56条线路，其长度共约332.9千米，地铁空间中车站多达435个，车辆保有总数约2821辆，年均客运总量46.6亿人次，是当今世界上地铁全年客运量最大的地铁空间。我国的地铁发展起步比较晚，大致可以划分为三个阶段：第一个阶段是只有北京和天津修建了地铁，上海进行了一些实验。这个时期由于受到技术条件的影响，线路较少，地铁的功能也很局限。第二个阶段是20世纪80年代末至90年代末，这一时期北京、上海、广州等特大城市的交通问题日益显现，我国逐渐认识到地铁才是解决城市交通问题最有效的途径，所以这一时期地铁发展较为迅速。第三阶段是1999年至今，地铁迎来了蓬勃发展的高峰，多个城市的地铁项目得到了国家的支持。这一时期的特点是地铁发展异常迅速，技术、设备同产化比率高。有些城市的地铁线路已形成网络状的特点，使城市中心的交通压力得到有效的缓解。

随着地铁在各大城市如火如荼的修建，大城市建造地铁的规模也越来越大。因而，地铁在城市中的地位也变得越来越重要，对城市的影响力也越来越大，有关地铁公共空间的文化建设也引起了我国相关部门的重视，加强了对地铁文化的研究。主要有两个原因：一方面是因为地铁作为一种新型的出行方式，改变了一个城市的生活方式，尤其是随着国内城市地铁线路的逐渐增多，这一点表现得越来越明显。另一方面，随着中西方文化交流的日益频繁和地铁建设者对各国地铁建设管理经验需求的与日俱增，我国地铁管理者看到了国外优秀的地铁文化在潜移默化中影响着城市的布局和经济发展。从世界上 135 个拥有地铁的城市来看,地铁已成为一个城市经济实力、人们生活水平及现代化、城市文化的重要标志。

二、地铁导视系统设计

(一)地铁出入口的导视设计

地铁的出入口衔接着地铁地下空间的换乘与地面的城市空间,也承载着人进入地铁空间的第一印象,地铁站的出入口信息如何表达呢？过于统一的风格建筑会导致地铁站点与周围环境的不协调,但如果是和周围的环境融合为一体的结构,引导性和标识性又太弱。因此,地铁出入口的导视设计既要有整体上的统一,又要与周围的环境相结合。

地铁出入口除了提供进入或离开地铁的主要通道外,还担负着紧急疏散的重要作用,由于地铁是封闭的地下空间,空间密度小,如果有火灾或恐怖袭击,人们将会从出入口通道向外撤离。因此,对地铁出入口的位置、布局、室内空间的合理性提出了很高的要求。

地铁出入口往往以拉丁字母命名,这种形式往往与阿拉伯数字相结合,将同一方向的不同出入口用字母与数字的形式标识出来,如 A1,A2,B1,B2。这种命名方式比较合理,有利于解决多个入口和客源分流的问题,但也存在相应的问题,对于文化水平不高或老年人群来说就存在一定的理解难度。还有一种方法是综合命名法。所谓综合命名法是指两个或两个以上的命名方法相结合,这种形式更适合现代城市轨道交通。如北京地铁导视系统就采用这种命名方式,首先以东北、东南、西北、西南命名,然后用拉丁字母 A、B、C、D 命名与其相配合。

地铁出入口的导视设计原则:

(1)容易识别。出入口明显,容易让乘客看到是地铁出入口设计最重要的原则。当人们进入地下空间的过程中，接收到的信息是慢慢地展开的，人们在好奇心的驱使下继续前行，从而获得一种令人惊喜的愉悦感。神秘感可以丰富人们进入和寻找出入口的意义。因此地铁出入口设计必须具有"可读性"。

（2）应提供尽可能多的外部视觉信息。地铁出入口设计应该提供尽可能多的外部视觉信息，特别是外部地标等定位和方向参考。德国柏林地铁站的出入口标志设置的位置就非常醒目，很容易让人们找到地铁站出入口。

（3）不同的入口布局和差异。一些地铁有好几个入口，在引导乘客时所起的作用也各不相同。如果对这些入口没有很好的布局和处理，会使人容易混淆，引起方向性的指导错误。进入地铁站的导视性标识应建立在该地区的车站周边，例如公共汽车站站点应设置如何进入地铁站的指标。在所有的入口处，标牌的设置要有一定的高度，视觉上更加醒目，形成统一的地铁导视。同时也应为出租车和汽车进入车站广场建立一个指导性标志和引导乘客上下站台的位置标志。

（二）地铁站厅和站台的导视设计

地铁站台和大厅空间就如同街道，是城市生活和事件发生的场所，也是形成城市形象的要素之一，它可以提高人们方向定位的能力。地下空间的不同区域应具有不同的特点，该区域应该有一个富有意义的名称，应具有一个明确的边界。

通常地铁站地下大厅的长度一般在100米，至少有两个或两个以上的出口通向该座城市的不同街区或街口，地铁入口的正确识别及转乘口方向的正确指引，能有效避免大量客流相互穿叉，减少不必要的出行距离，使乘客方便快捷地到达目的地。因此，在地下空间里，良好的方向感和易于识别的导视标识是非常重要的。

第三节　城市景区、旅游区的公共信息标志系统设计

公园、游乐园通常面积较大、设施较多,导向信息系统一般都由形象标志系统和指示导向系统组成。设计系统、规范、安全、美观的标识,科学合理地设置导向信息位置,指引游人以合理的路径进行游览,是公园环境空间信息导向系统设计的基本任务,也是公园环境空间深化设计和人性化设计更高层次的体现。

公园导向信息系统主要由信息性导向、指向性导向、形象识别导向和警示性标识构成。

(1)信息性导向:是公园环境和游人之间的沟通载体,公园为方便游人游览提供的公园总平面图和景点分布示意图以及相关信息介绍等都是其涉及范围。信息标识多以解释、陈述为特征,是游人与景点之间无声交流的媒体(图 3-2)。

图 3-2　公园导向设计

(2)指向性导向:从功能需求的角度出发,是公园人流交通疏导系统的一个重要标识,它一般设置在两个或多个空间相互转换或交叉的节点,为游人指路。指示导向标识是营造和管理动态空

间的一个有效的手段，能够促进人和空间的互动。

（3）形象识别导向：是一个公园从众多公园中脱颖而出，给游人留下深刻印象和完整形象的重要手段。如遗址公园的导向系统设计要体现遗址特色，要与历史文化相呼应；休闲公园的导向系统设计宜轻松活泼；儿童公园的导向系统设计应考虑到儿童的特点，突出安全性和趣味性，且易于儿童识别。标识标牌的选材、造型、色彩以及字体的应用均要统一考虑，有助于整个公园的形象资源整体组合传播，加大视觉冲击的力度和强度(图 3-3)。

图 3-3　巴黎迪斯尼乐园入口广场导向标识系统

（4）警示性标识：是针对不同的环境和人群使用的相应的标识。多以明示、告知、劝说、指令、警告、禁止的方式出现，如残疾人通道标识、游人须知、小心触电、禁止攀爬等标识。能起到规范行为、预防事故、教育群众、保护公共设施等作用。

第四节　城市导向信息设计

城市空间复杂性的增长往往会造成人们生活便捷性的降低，纷繁复杂的空间环境往往会使身在其中的人们，尤其是初到该城市的人们不知所措。然而城市的发展势不可挡，这必然要求有一个环节使城市环境与生活在其中的人能够顺利进行沟通，并使城市的多元复杂环境能够充分发挥其功能和优势。标识导向系统恰恰是提高城市易读性和亲和力的有力手段和重要环节，它在现今的城市生活中不可或缺，并且是构成城市视觉形象的重要组成部分。

标识导向系统是具有很强功能性的城市公共设施,它最根本的功能就是环境信息的传达和导向提示,帮助人们顺利了解环境,并对环境信息做出正确的行为选择,从而改善人与生存空间的交流并提高环境质量。此外,标识导向系统作为城市公共环境中必不可少的一个组成部分,还应该与城市的其他公共设施一样具有良好的视觉艺术形象,符合城市环境特色和城市文化内涵,并能够与环境氛围相协调,辅助环境塑造城市形象。

城市标识导向系统是一个城市文明程度和管理水平的良好体现,它的功能性能够将复杂的环境信息简单化、条理化,并规范和指引人们的活动方向和活动范围,因此它在维持城市秩序的方面也具有很重要的意义。完善标识导向系统能够将城市的环境信息全面地展示在人们面前,避免在复杂的城市环境中产生迷失和迷惑,还可以提高城市空间的利用率,提升城市的亲和力。此外,标识导向系统是人们对城市视觉认知的一个很重要的因素,而城市标识导向系统在视觉方面具有很强的艺术性,因此它在塑造城市形象、改善城市视觉环境方面也具有相当积极的意义。

第五节　城市艺术空间信息设计

一、公共壁画

（一）公共壁画的信息传递

壁画依赖于墙壁或者地面存在,除了公共建筑以外,室外的公共设施或者单纯的壁画墙都是室外壁画比较常用的空间环境。和公共建筑室外的壁画不同的是,通常室外的公共设施和壁画所用的材料相同,对壁画的耐久性、光照等都有很高的要求,同时也需要与公共设施的要求保持一致。此外,室外公共设施所处的空间空旷,通常都会有绿色植物在周围作衬托,壁画的色彩和建筑的外墙壁画相比,需要更为独立。

不同的环境决定了壁画不同的内容和形式,因此壁画的形式不像其他画种那样容易分类。壁画所在空间环境的多样性使壁画的种类丰富多彩,既满足了建筑空间环境的需要,又使壁画艺术与建筑空间珠联璧合。

建筑可以分成两种主要的类型:使用功能性建筑与非使用功能性建筑。对于使用功能性建筑而言,其不但是主要形式,也是我们可以居住的建筑物形式;非使用功能性建筑通常都包括纯纪念性建筑以及工业性建筑。建筑由于其功能的需要营造出不同目的的使用空间。

一所建筑物能够存在于自然空间中,其必定和天空、地面以及其他的建筑物形成一定的关系,室外壁画不仅需要充分考虑和建筑物的整体外形保持统一和协调,同时也要考虑和建筑物所存在的整体空间环境保持一定的关系。室外壁画的主要目的是对建筑物的外观在整体上起到一种提神和点睛的作用。如果室外壁画的个性太强,不但会破坏建筑物的整体风格,同时也会影响到建筑物所处的周围空间环境。所以,室外壁画需要自觉维护建筑的整体完整性,从而形成较为恰当的点缀和渲染作用。因此,室外壁画的一个最主要特征就是视觉的效应内向性。

另外一种情况,用室外壁画所表现出来的鲜明艺术形象去强调建筑物的主要使用功能,就是用壁画充分表现建筑的空间功能,给人一种十分强烈的视觉感,进而能够进一步强化建筑物或者建筑空间的使用功能。

由于室外壁画在自然环境和人文环境方面存在各不相同的特点,所以壁画的作者在创作的过程中通常对材料的选择、运用也需要做到因地制宜,尽量发挥出材料的多种优势,使壁画能够达到一种最为理想的效果。室外壁画所处的特殊环境,要求壁画作品需要在题材选择、表现手法运用等多个方面要与壁画所在空间环境保持一种较为和谐的状态。而壁画设计者往往对壁画的主题、对材料以及工艺的恰当使用等进行把握,是决定壁画设计的一个比较重要的因素。

（二）室外壁画的形式

1. 聚酯漆彩壁画

位于重庆市巫溪县汉风神谷的《礼巫盛典》,采用的主要材料是聚酯漆彩,应用于室外壁画中能够达到防水、防晒、防腐蚀的直接目的。

2. 玻璃钢壁画

玻璃钢的主要特点就是质量轻而且十分坚硬,制作起来极为方便,造价十分低廉,造型上可以任意使用,室外壁画的应用通常比较广。完成后的作品可以根据需要做出符合要求的肌理、质感、光泽、色彩以及艺术风格等。玻璃钢壁画主要可以分为镂空和浮雕。大型的玻璃钢壁画首先需要先做一定比例的小稿（即模型）,甲方或者专家确认之后再做出等大的泥稿,反复地进行雕琢、修改之后翻制成玻璃钢,经脱模、表面处理之后,安装完成。玻璃钢壁画有时可以在现场直接加工制作,在建筑的立面上做浮雕,同时也可以进行玻璃纤维与树脂的形体塑造,这都需要十分熟练的制作技术,以及在整体方面把握造型的能力,才可以避免形式方面出现混乱。《家园》这件作品的设计,是河南郑州清华园小区的建筑外墙上创作的一幅壁画,采用了大量的弧线,进一步打破了周围环境由于众多的直线运用而造成的宁静和生硬之感。玻璃钢浮雕在后期则被处理成了一种青色,在白色的底面衬托之下显得十分清爽而且厚重。

3. 金属壁画

金属壁画的发展历史十分悠久,金属工业的快速发展变化也带来了金属壁画在创作方面的丰富多样。

铜材的主要缺点就是容易腐蚀，不利于室外安置。而不锈钢、钛合金由于其本身不生锈，表面带有一定的光泽与亮度反射，使用频率比较高，特别适合做现代感比较强的浮雕作品。还有一种生活中比较常用的金属材料——铁，它的造价比较低，容易加工焊接、拉长，容易着色，也深受艺术家们的青睐。

4. 仿石壁画

所谓的"仿石"，就是人造石，是一种仿天然的石料材料。它主要是以水泥为主的混胶材料，加上颜色多样的石粉与建筑用胶，通过模具加工成型的一种装饰性材料。它具有比较强的装饰性，视觉方面也与天然石材十分接近，耐久性较强，成本相对较为低廉。

仿石艺术品能够充分发挥混凝土的取材方便、可塑性强、坚固耐用、经济合理等多方面的优势，又可以在质感、肌理、色彩等多方面下功夫，尤其是在造型方面做了深入的研究，使人造石作为一种艺术品向前迈出了一大步。

如《非卵石状态》采用的是不规则的仿石块材堆砌而成的一种自然状态下的鹅卵石，和中间的装饰造型形成十分鲜明的对比；粗犷、浑厚的卵石造型在这里表现的惟妙惟肖，和背景——红砖墙形成了一种自然形态和人工形态的强烈对比；弧线和直线则形成鲜明的对比，色彩极为和谐，但是却透露着较为微妙的变化。

《路漫漫》是张宝贵创作的又一仿石壁画艺术作品，它主要是以极具有寓意的形式及象征的手法，经过比较特殊的材料处理之后，形成了不同的质感和色彩，朴实、大方而且充满了趣味性和哲理性，一个脚印象征一次寓意深刻的经历。这件艺术作品的使用范围十分广泛，而且比较容易连续使用，下一次的活动使用时可以多加一个脚印。特殊的造型已经表现出其极为鲜明的个性，使人过目不忘，但不宜对其加以模仿使用。

5. 石材壁画

如果将绘于墙上的,用来记录人类日常生活和信仰的图画称作壁画,那么它的历史足迹至少能够追溯至新石器时期。当前,世界各地都存有无数不朽的石材壁画,尽管历经了风雨的磨砺,仍然不减当年的魅力,成为被世人永远敬仰的艺术品加工典范。此外,石材壁画应用在建筑的表面更容易与建筑相协调,既增加了建筑的魅力,又可以成为独立的艺术品。

如世界著名的图拉真柱浮雕壁画位于罗马图拉真广场。在罗马帝国时期,图拉真皇帝为了纪念自己征服达契亚人的伟大功业,就把这段历史雕刻于一根直径达 3m、高 38.7m 的石柱上。

深圳的"世界之窗"坐落在深圳的南山区,是展示世界各地的文化的大型主题公园,艺术水准比较高。其中《世界文明》壁画也是"世界之窗"中的一个大型石刻壁画带,采用的是石刻浮雕的创作方式,长达 200m、高 10m,总面积达 2000m²,分为《东方文明》和《西方文明》两个部分,分六块墙面竖立。《东方文明》的总面积达 800m²,内容是中国、日本、朝鲜、印度等一些东亚、南亚以及西亚一带最具代表性的古代文明图案,浮雕采用产于湖南湘潭的红砂岩雕刻而成。

这幅壁画作品的创作,形成了一座十分巨大的壁画墙体,成了"世界之窗"中最具有感染力的杰作。它的结构十分严密、造型极为精美。

6. 陶瓷壁画

陶瓷也是进行室外壁画创作时经常选用的一种材料,它耐晒、耐寒、耐酸碱,经久不褪色。高温釉上彩壁画的画面通常都十分沉稳、庄重,格调极为古朴、雅致,适合应用在纪念性的公共建筑外立面的壁画上。釉上彩壁画在建筑用瓷板上上釉,经过一定的烧制而成,它制作起来比较方便,色彩十分鲜艳。浮雕式的壁画则是先采用陶泥成型，再进行施釉烧制，其主要的特点就是粗犷、大气，具有一定的力度美。镶嵌瓷板壁画与马赛克壁画，色彩的变化方面极为丰富，通过色块的排列，能够在空间与视觉的混合作用下做到形象的完整性。陶瓷和其他材料相互组合，也可以制作出各种各样的壁画形式，包括利用砖、马赛克、施釉陶、细陶瓷、琉璃等创作壁画。因为陶材都具有很明显的、金属不可替代的优越性，如不易氧化、变形、褪色，耐腐蚀性强等。所以备受艺术家们的喜爱。陶瓷材料除了能够贴于墙面上形成壁画主要的效果之外，还能够装置成一种镂空的浮雕效果，充分体现出陶瓷的肌理美感，使创作的作品都较为理想地融入建筑空间。在古代，陶瓷就已经被用在建筑方面，主要是作为点缀来设计的，如故宫的《九龙壁》。

　　《九龙壁》壁长 29.4m，高为 3.5m，厚为 0.45m，这是一座背倚宫墙而修建的单面琉璃影壁，是乾隆三十七年（1772）时，改建宁寿宫时所烧造的。壁上部是黄琉璃瓦庑殿式顶，檐下则是仿木结构的椽、檩、斗栱。壁面主要是以云水为底纹，分为饰蓝、绿两色，烘托出一种水天相连的磅礴气势。下部则是汉白玉石须弥座，端庄而不失凝重。壁上的九龙主要是以高浮雕的手法制成的，最高部位高出了壁面 20cm，形成一种比较强的立体感。纵贯壁心的山崖奇石把九条蟠龙分隔在五个空间之中。阳数之中，九为极数，五则居中。"九五"之制是天子之尊的一种极为重要的体现。整座影壁的设计，不但把"九龙"分置在五个主要的空间上，壁顶的正脊也饰有九龙，中央坐龙，两侧各有四条行龙。两端戗脊也和其他的庑殿顶相异，不饰走兽，以行龙直达檐角。檐下斗栱之间采用九五共 45 块龙纹垫栱板，整座建筑主要是以不同的方式蕴含多重"九五"之数。除此之外，九龙壁的壁面上共用 270 个塑块，也是九和五的倍数。为了不损坏龙的头面，分块的布局十分讲究。只有悉心的设计、高超的技艺，才可以达到如此精湛的艺术效果。九龙壁是按照清乾隆时期的名匠"样式雷"的构思进行设计的。据说当雷氏将烫样呈献给乾隆审阅时，这位老师傅曾经十分巧妙地解释出九龙壁的意义道:"数至九九,壁长为暗九,乃应中华国祚万年"。乾隆大喜,重赏了"样式雷",并且命工部依样进行建造。

在现代,陶瓷公共艺术的设计更为多见。如在很多地方小型体育场馆进行主体设施建设时,常会采用外墙装饰的手法。马赛克、瓷砖、琉璃等陶瓷材料的优越性正好符合体育场馆外墙的装饰需要,它们不褪色、色彩十分鲜艳、明亮,形象经过视觉和空间的调和之后能够达到虚幻、色彩丰富的美感,不仅能够起到保护墙面的重要作用,同时也美化了环境,作品的主题必定和体育运动相关,借此来鼓舞士气,加强主旋律。这件作品在构图方面也将人物分为三组,色彩主要是由中间的红黄色调把两组蓝色调分隔开来;人物略显有些夸张、其他的部分则是用装饰的手法进行处理。

7. 玻璃壁画

玻璃是最值得广泛使用的一种新型壁画材料,现代建筑大多都使用玻璃作为装饰,而且使用的面积也越来越大,门、窗、幕墙等都能成为使用玻璃最多的地方,也是最容易在此做壁画文章的地方。

中国现代文学馆的彩色玻璃窗壁画——《茶馆·家·祝福·原野等人物谱》恰当地烘托出这座殿堂的文学艺术氛围,给人一种十分强烈的视觉震撼力。

(三)室内壁画

建筑的内部空间大多是由地面、墙面、天花板等围合而成的,供人使用的空间,它所形成的是一种相对封闭的空间,体现出可居、可用等人们日常活动和使用功能。同时,它在空间组合过程中也可以分成主空间和辅助空间,形式方面也可以分成稳定性空间与流动性空间。

所谓主空间主要是指建筑的主要功能体现,如公共场所的大厅、楼宇大堂、公共建筑的使用大空间等。此外,主空间大多有一个共同的形态特点,即相对稳定的使用功能。这个特征可以让壁画的内容以及形式只需要和内部的空间相互协调,而不再受到外部自然条件的限制,壁画的设计方法、表现方式以及内容更加宽泛、丰富。

辅助空间大多都是次要空间,如走廊。主空间主要是相对稳定的空间类型,辅助的空间多是相对流动的,主空间和辅助空间的不同特征决定了室内壁画会产生不同的形式和内容。主空间是一种相对独立的空间类型,壁画只需寻求和这种空间的关系即可,因此,室内壁画创作所受到的限制会小于室外壁画。相对室外壁画而言,室内壁画本身的个性相对较强,对内部的空间环境进行再创造的作用也更大。

在流动性空间内创作的壁画恰恰相反。在流动的、辅助空间内的壁画大多都不应该太过具象,这是由于这一空间的主体——人的状态都是动态和暂时的,不可能会长时间驻足欣赏,否则就会有碍于人群的流动,这和空间的功能是保持一致的。室内空间的主要特征决定了室内壁画远比室外壁画在题材内容方面的表达更具体,材料技法的应用方面也会更加丰富多样。所以,室内外的空间环境特征对于壁画的风格、材质以及特点都起到了决定性作用。

1. 中国室内手绘壁画

我国古代就已经出现大量的手绘壁画,如佛教的《九色鹿本生故事画》《释迦牟尼传记》等。到了近代时期,室内手绘壁画的创作更是多样。

20世纪50年代到70年代,在北京的一大批公共建筑物以及中国其地区,个别小型的公共建筑物中都出现了几幅壁画,这也是新时期建筑壁画的发荣之始。其中吴作人、艾中信为北京天文馆大厅穹顶所创作的油绘壁画——《中国神话》,描写了夸父、女娲、嫦娥、牛郎织女等多个神话人物在太空遨游的情景,环形的构图,简单、明快的创作色彩,中国式的人物造型,都充分代表了这一时期中国公共艺术创作的雏形。

除此之外,1979 年,张仃先生接受国家民航局的委托,为北京新建首都机场创作了一批精美的壁画,主要包括《白蛇传》《巴山蜀水》《生命的赞歌——欢乐的泼水节》《黛色参天》等壁画杰作。

2. 国外室内手绘壁画

《美杜姆群鹅图》也叫《鸿雁图》,是古埃及第四王朝梅杜姆墓室壁画中的一条边饰,全幅画共描绘了 6 只鹅。这幅壁画以其十分令人惊叹的写实手法而世界闻名。动物学家则称,画中所描绘的"群鹅"和现实生活中的大雁身体结构、羽毛排列高度一致。

画面的构图呈现长条形,6 只"鹅"形成了大致对称的装饰图案,透露出生机盎然的气息。

(四)标志性壁画

这种壁画的一个十分显著的特点就是注重反映壁画所在地域或者所属建筑的文化历史特征以及使用功能,通常成为城市或建筑的典型标志。标志性壁画有时还与其他的公共艺术形式一起构成某一标志。如人民英雄纪念碑的碑座浮雕壁画。如今,这类壁画在世界各地都被广泛地采用,其艺术性和公共性以及广告、招贴都有较为明显的区别。

(五)地理特征壁画

主要反映当地复杂的风土人情、人文景观、自然面貌,是这种壁画所具有的特殊功能。人们喜欢通过阅读壁画进一步了解一个地区的历史文化以及地理特征。地理壁画通过自身大量的具象或者抽象信息,向人们充分展示、标识出所在地的地域特色和位置,有着十分明显的实用价值。

（六）臆想与幻觉壁画

这种类型的壁画颇具幽默感，它的主要目的是在平面上制造出假空间、假形象，达到以假乱真的程度，使观者产生一种错觉。国外的一些城市街区都有大量的这类壁画，它像放大了的架上绘画，可以调节街区的空间大小，激起观众的无限想象力，但是对绘画的技术有着较高的要求。

二、公共镶嵌

艺术镶嵌是一种古老的公共艺术形式，镶嵌的最早出现是以建筑的使用功能为前提的。早期的镶嵌艺术大多用在地面上，后来逐步发展到墙面及其他建筑构件中。譬如，我们从一些建筑的屋顶、房檐、墙裙、门窗及女儿墙等处看到这种镶嵌装饰。在建筑壁画中，镶嵌同样是被广泛采用的一种装饰形式，特别是在当今，新材料新技术的不断出现和进一步发展，为艺术家以镶嵌形式所进行的壁画创作提供了方便。材料选择恰当的镶嵌壁画与建筑和景观环境融为一个具有良好视觉效果的整体，进一步增强了建筑和景观环境的艺术感染力。

（一）国外镶嵌艺术

镶嵌就是用有色材料，如天然石料、玻璃料、陶瓷料、金属料、宝石、木材以及贝壳等，根据建筑及景观环境的功能特点和设计要求在预制的水泥或其他材料上拼贴出所需要的装饰图案。镶嵌艺术在用料上是非常广泛的，而且根据具体情况材料可大可小，可厚可薄，可规则可非规则，运用十分灵活。

在国外，镶嵌作为公共艺术的表现形式从古希腊时期就已经出现，到罗马帝国时代，这门古老技艺已被广泛地运用，无论是在地面、建筑构件、壁画还是其他景观环境的装饰中，镶嵌艺术都已达到十分辉煌的程度。

在拜占庭时期的建筑中,建筑镶嵌艺术得到了进一步的发展,色彩斑斓的马赛克镶嵌成为拜占庭建筑时期酿造出的十分独特的艺术魅力。

此外,镶嵌艺术在哥特式建筑时期,在巴洛克建筑时期,建筑镶嵌同样是广泛地被运用,其中哥特教堂中的那些充满神秘色彩的彩色玻璃窗画已经逐渐发展成了人们美好且永久的话题。

20世纪以后,镶嵌壁画已经在拉丁美洲发展得较好,其中,在被誉作"壁画之都"的墨西哥首都大建筑群中,就存在大面积的镶嵌壁画造型,并且其影响也波及世界很多的国家和地区。

(二)国内的镶嵌艺术

镶嵌艺术在中国尽管未发展到一种极为辉煌的程度,但是也具有十分悠久的历史,给后人留下的也是不乏精美的作品。譬如在北京北海、颐和园就有石钉拼贴镶制的院落广场,也有砖瓦鹅石拼砌的通道,图案精细美观,活泼雅致,给人耳目一新的艺术效果。另外,在过去一些年代所留下的陈设品如家具、屏风和其他工艺品中,不难看出,中国传统的镶嵌工艺是非常精湛的。

我国现代以公共艺术形式出现的镶嵌艺术尚处在一个探索阶段,一方面要进一步挖掘、继承和发展我国传统的建筑镶嵌技艺,另一方面也要吸收和借鉴国外的镶嵌经验,我们相信,随着我国的进一步腾飞,镶嵌艺术在我国建筑和城市化建设的发展中,必将走向辉煌的未来。

在世界范围内,镶嵌艺术在现代公共艺术中相当普及,材料选择更加自由,技艺更加纯熟。镶嵌艺术具有其他装饰形式中所少有的视觉美感,它色彩和谐自然,质朴而多具风采。色彩斑斓的无数不同类型的色块通过艺术家们的巧妙设计,与建筑及其景观环境组合成一个有机的整体,进一步烘托出建筑和景观环境的艺术感染力。它犹如一篇篇绚丽多彩的乐章,赋予人们美好的艺术享受。

三、城市环境雕塑艺术

(一)雕塑的造型分类

1. 主题性雕塑

公共雕塑的主题通常是指利用具体的艺术形象充分表现出来的一些最基本的思想,是在雕塑造型创作时贯穿的一种精神力量,也是精神意志的表现结果。作品的整个创作过程都是围绕着主题展开的,所有的形式和表现都是为主题服务。这种类型的雕塑具有十分强烈的主题归属性,主题性的表述则是它成立与表达的根本所在。

主题性雕塑重点反映出各个时代不同的历史与潮流、人民的理想与愿望,它通常都是以自身形象的语言,利用象征性与寓意的手法揭示某个较特定的环境与建筑物的主题。它们也有着极为丰富的思想内涵、较大的体量,同样也会在所处的空间环境内占据十分显要甚至主导的位置,发挥着统率与聚焦的作用。

2. 纪念性雕塑

这种类型的雕塑也是对人类自身客观发展历史的一种主观刻画与描述,特定的历史时期都会赋予其一种极为特殊的价值与地位。

3. 标识性雕塑

标识性也就是标志性,是一种能够表明特征的记号。公共雕塑具有极强的标识性,在区域或者功能方面都具有标识、标志、说明、主导以及概括的主要作用。公共雕塑是一种具有公共形象功能的艺术品,一般情况下都能够起到一种显示区域与功能特征、传达区域或者环境信息的重要作用。

4. 公共景观雕塑

景观主要是指利用建筑、交通、绿化等多方面的设计营造出来的一种带有艺术形式的环境类型,公共景观的特征主要是具有开放性、交流性、参考性、使用性、艺术性以及公众性。公共景观雕塑造型主要是以公共景观为平台的一种雕塑类型,不管是在内容方面还是在形式方面都具有公共景观的特征,其功能主要是创造景致,满足观赏和装饰的要求。

5. 建筑性雕塑

雕塑和建筑方面所具有的这两种艺术形态一直以来就有一种比较深刻且广泛的联系。建筑性雕塑主要是指把建筑特有的构筑性语言运用在雕塑的空间处理方面。如果放弃了概念上的区分,从一个艺术集合的视角进行观察,雕塑和建筑在构筑性、空间性、文化性、精神性、公共性、技术性等多个方面都存在着十分广泛的内在联系,共同具有体、线条、色调、材质等因素的空间造型特性,它们都属于一种可视性的形体对视觉直接的倾诉,存在视觉活动的普通规律。

公共雕塑和公共范畴内的物态都发生着联系,而且这种联系是相互影响的。

6. 观赏、趣味性雕塑

在城市公共雕塑作品中,装饰性雕塑作品占了很大的比例。这类作品并非是刻意地追求一种特定的主题与内容,表现的内容也十分宽泛,创作的手法十分轻松、活泼,作品的风格大多都是自由多样的,充分发挥出了作品的装饰与美化环境的作用。所以,装饰性的城市雕塑的尺度可大可小,大部分都从属于环境与建筑,成为自整体环境设计中的重要点缀与亮点。

观赏性、装饰性、趣味性的雕塑作品一旦可以比较巧妙地进行设计、应用在城市的不同环境中,不但可以给市民带来愉快的心情,同时这些妙趣横生的雕塑设计也可以十分巧妙地与环境融为一体,给观众们带来无穷无尽的遐想,同时也可以使雕塑所处的环境中充满新的、具有情趣的文化气息。在城市旅游开发过程中,情趣雕塑的设计也得到十分广泛的应用,通常都能够为旅游环境增添一道极为亮丽的色彩。观赏性雕塑的设计比较多,如日本箱根雕公园设计的《流泪的天使》《空相》等,都是这类雕塑的主要代表。

城市化进程的不断加快,给公共艺术品的创作带来了无限的良机,城市雕塑创作同时也是社会的召唤与需要,公共艺术家们更需要充分关注作品和大自然、大环境之间的关系,以人为本,和草木为友,与环境和谐相济,创造出城市雕塑崭新的艺术境界。就好像雕塑大师刘开渠先生所言:"好的城市雕塑,往往成为一个国家、一代文化、一座城市的标志,这既为当代服务,又为未来的历史时代留下不宜磨灭的足迹。"

（二）城市雕塑造型

设计要素及规范设计是决定一座城市雕塑创作成败的关键因素,在城市雕塑作品创作过程中可以起到决定性作用的,主要是其基本的构成因素,即蕴含于作品中的、构成艺术语言的抽象因素。

如节奏、韵律、形状、线条、体量、色彩、对比等,这同时还是造型艺术作品创作过程中可以保持一种纯粹精神性的基础与主要源泉。所以,在城市雕塑作品的创作过程中,怎样把诸多的公共因素转化为艺术语言,是进行城市雕塑创作的关键所在。将需要考虑的庞杂的公共因素分别进行分析之后,就能够根据其显示的特点做出概括、提炼,最终成为一个个极具形象感的感受,之后,则能够从中寻找到一个共同点,或是一个最强点,形成作品的主题所在。将主题加以转换,在艺术语言每一个基本抽象的因素之中找到其相对应的位置所在。

城市雕塑在造型方面力求做到简洁,设计过程中也需要充分应用提炼手法,概括性地将造型的对象加以简化与优化,这样能够突出、强化形态的本质特征所在。结构应该做到牢固,在室外环境中,超大型的雕塑（15m及以上）,其造型的伸展度都有一定限制,尤其是悬挑的部分。通常而言,雕塑的悬挑部分不应该超过 5m,最多不能超过 8m,这时不能只考虑造型的艺术效果,还需要顾及雕塑工程力学的多个方面的因素所在,在设计过程中要与结构工程师进行密切的配合,有的则能够采取金属拉索或一些比较合理的支撑。雕塑做得越大,越应该具备较为丰富的建筑学知识,也就是所谓的"大型雕塑建筑化,小型建筑雕塑化"。

雕塑的造型重点在于对动态与体量的把握和控制方面,而动态与体量则主要是依赖于设计方面的线和面在造型层面的运用。线和面不仅是表现具象的形态这一基本手段,同时还是构成抽象艺术形态的重要因素。从雕塑立体造型方面来看,面主要是通过线进行界定的,线和面之间的交织变化,能够产生极为丰富的艺术表现力。

雕塑以其体量的力度感在空间环境中存在,体量包含了整体的造型、动态以及质感。而质感的体现主要是由雕塑的材质所决定的。

公共艺术强调公共性和公共价值观念,其表现形式多种多样,既包括公共空间中的雕塑、壁画及景观中的地景艺术,也包括新材料艺术、光电的艺术、空间与表现的艺术、解构与装置艺术,以及时空、空间上能够和公共发生广泛关系的艺术等艺术样式。公共艺术所要解决的不只是美化城市、美化环境的问题,它还追求良好的社会效益,强调艺术与社会公众的沟通,追求人文关怀。

公共艺术是城市文化建设的重要组成部分,是城市文化最生动、最直观、最鲜活的载体。它可以连接城市的历史与未来,翻开城市的历史画卷,讲述城市的故事,满足城市人群的行为需求,创造新的城市文化,展示城市的魅力。也就是说,城市公共艺术的最终目的是满足城市人群的行为需求,在人们心目中留下一个城市文化的意象。正如日本著名公共艺术设计师樋口正一郎所言:"美的城市建设成了当前城市文艺复兴的主题,并且城市建设由硬件时代逐步过渡到了软件时代。"这也意味着在城市建设中,艺术家的作用更大了,艺术家和公共艺术作品可以以艺术的手段重塑城市尊严,讲述城市动人故事。艺术开始走出画框,走向街区,走向大众,走向市民的日常生活(图 3-4)。

图 3-4　现代公共艺术的互动性

第四章　认知空间的信息设计

在公共空间中要完成一系列活动,首要解决的是空间形态的认知特征。一个没有"可识别性"的形象,无论怎样的形态都无法赢得公众的青睐,原因在于公众无法在不同空间形态中识别出具有文化意义吸引力的形象。

第一节　智慧型城市与全球化

一、全球化过程中的城市

城市在经济全球化的过程中具有核心作用,把城市引入经济全球化的分析中,有助于我们再概念化经济全球化的过程,同时,尽管全球化确实影响了农村,但是全球化的主要力量仍集中在城市。例如,周边地区提供劳动力、物质和技术等基础设施。

社会经济中的各类要素都与全球化的进程密切相关,而城市作为一个场址则承担着将这些要素与全球化过程联系起来的节点作用。也应看到,对城市本身的分析实际上是把民族国家的领域进行分解,至少在经济领域上是这样。

城市在全球经济化过程中发挥着巨大的作用,而这种作用的发挥是建立在城市与其他城市共同组成的全球城市体系的基础之上的,城市不仅与全球经济网络发生关系,而且这种关系的产生也同样来自全球城市体系,城市与城市之间的相互作用不仅建构了经济网络,而且其本身又改造着城市的体系结构,使每个发生作用的城市自身在此建构的过程中进行着重组。

全球城市网络的形成还表现在城市本身的职能构成和城市体系的结构特征上。在过去的城市中,城市的经济结构是以经济活动的部类进行划分的,在每个部类的经济活动中从管理到生产都在一个城市或地区内进行,每个城市担当着其中某个或多个部类的经济活动,因此形成了诸如"钢铁城市""纺织城市""汽车城市"等城市类型。

随着经济全球化的进程和经济活动在城市中的相对集中,城市与城市之间、城市与周围区域之间原有的密切关系也在发生着变化。每一个城市的联系范围在扩大,即使是一个非常小的城市,它也可以在全球城市网络中建立与其他城市和地区的跨地区甚至是跨国的联系,它不再需要依赖于附近的大城市而对外发生作用。从这样的意义上讲,任何城市都可以成为建立在全球范围内的网络化联系的城市体系中的一分子。

随着经济全球化的不断推进,全球城市或世界城市就成了全球化研究的重要领域,尽管"全球城市"的出现是新近的事情,本章对此将进行一些论述。全球城市或世界城市功能的发挥是建立在经济全球化基础之上的,而且可以被称为全球城市的数量也不仅仅只限于纽约、伦敦和东京。还有巴黎、法兰克福、苏黎世、阿姆斯特丹、洛杉矶、悉尼、中国香港等。这些城市之间高强度的相互作用,特别是通过金融市场、服务性贸易和投资的迅速增长,并因此而构成秩序。

二、智慧型城市理论

(一)新公共建设理论

新公共建设理论也称"企业化政府理论""企业家政府理论""市场导向的政府建设理论",是 20 世纪 80 年代以来在全球范围内兴起的一种新型政府建设理论,其核心观点是将市场竞争机制引入公共服务供给之中。新公共建设试图摆脱传统行政建设对科层体制的倚重,转而通过经济学途径提供公共服务。新公共建设理论主张政府应像企业一样运作,采用企业建设的方法和技术,以企业精神改革政府部门。

20 世纪 70 年代末,面临经济滞胀、财政危机、信任危机和全球化的挑战,西方发达国家掀起了行政改革运动,城市建设也不例外。在美国,由于经济状况不佳,联邦政府对城市的财政援助明显减少,城市在财政预算上面临艰难抉择。市民期望政府提供更多的公共服务,但却不愿意增加税收。面对财政约束,城市政府不得不"少花钱,多办事",努力降低成本,削减支出和服务项目,提升生产力。于是,引入市场机制逐渐成为公共服务供给的一种政策选择。

在此背景下,一些改革者提出"重塑政府"(reinventing government)口号,激起广泛的社会反响。其中,最具代表性的是记者戴维·奥斯本(David Osborne)和城市经理特德·盖布勒(Ted Gaebler)撰写的《重塑政府:企业精神如何重塑公营部门》[①]。该书以易于阅读、易于理解、易于接受的方式,集成大量学术观点和实践经验,提出了重塑政府的十项原则(表 4-1),出版后获得了空前成功。重塑政府的基本主题是"政府应多掌舵少划桨",它呼应后凯恩斯主义和新保守主义的国家治理基调,为缓和财政危机、削减财政开支、改善城市服务提供了建设战略。

表 4-1 重塑政府的十项原则

序号	基本导向	重塑原则
1	起催化作用的政府	多掌舵少划桨
2	社区拥有的政府	授权而不是亲自提供服务
3	竞争性政府	把竞争机制引入公共服务供给之中
4	有使命感的政府	扭转照章办事的组织形态
5	讲究效果的政府	按绩效而不是按投入拨款
6	受顾客导向的政府	满足顾客的需要而不是官员的需要

① David Osborne and Ted Gaebler. Reinventing Government: How the Entrepreneurial Spirit Is Transforming the Public Sector(Reading Mass. : Addison-Wesley,1992)

序号	基本导向	重塑原则
7	有企业家精神的政府	收益而不是浪费
8	有预见性的政府	预防而不是治疗
9	分权的政府	从层级制到参与合作制
10	市场导向的政府	利用市场力量进行行政改革

继1992年出版《重塑政府》取得成功之后,1997年,戴维·奥斯本和彼得·普拉斯特里克出版了《摒弃官僚制:重塑政府的五项战略》①。该书提供了五项重塑战略,分别是核心战略、结果战略、顾客战略、控制战略和文化战略。

作为对"重塑政府"运动的学术回应,行政建设学者创造了"新公共建设",现在这个新概念已被普遍接受并得到广泛运用。②新公共建设理论凸显了市场机制的作用,其理论基础是"新保守主义经济学"③。新公共建设在恪守公共服务核心价值的同时,吸收了企业建设奉行的顾客至上、绩效建设、目标建设等价值理念,强调责任制、结果导向和绩效评估,关注顾客(公民)、产出和成果。

(二)绩效建设理论

绩效建设也称结果导向型建设,它是根据效率原则及其方法,通过持续的绩效评估和追踪来测量组织和个人履行既定职责、完成既定目标的状况。

绩效建设坚持结果为本,其基本流程包括五个环节:部门目

---

① David Osborne and Peter Plastrik. Banishing Bureaucracy:The Five Strategies for Reinventing Govemment(New York:Plume,1997).

② Christopher Hood. A Public Management for All Seasons. Public Administration 69(Spring 1991):3-19.

③ Jeff Gill alld Kenneth J. Meier. Ralph's Pretty—Good Grocery versus Ralph's Super Market:Separating Exeellent Agencies from the Good Ones. Public Administration Review 61 (January~February2001):9-17.

标—工作分析—绩效指标—绩效评估—绩效追踪。其中,绩效评估在绩效建设中居于核心地位,它对于提升公共服务质量具有重要意义。为了进行绩效评估,建设者需要建立绩效目标,设计一套衡量目标实现程度的绩效指标体系。为了改进组织绩效,还必须对绩效状况进行持续的监测、记录和考核,即进行绩效追踪。

绩效建设注重成本—收益分析,以绩效评估作为安排财政预算的基本依据。它通过设立独立的绩效评价机构,设置合理的绩效评价体系,定期公布绩效评价报告,促使各部门改进建设方式,强化质量控制,降低行政成本,提高行政效能,保持高效运作,持续回应并满足社会需求。传统上,公共服务建设缺少独立的绩效评价机制,各街乡和委办局主要通过自我评价的方式进行绩效评估。不仅降低了绩效评价的约束效果,而且助长了预算导向型政绩观——以财政预算作为衡量绩效状况的基本依据。结果是,各个部门都奉行预算为本,努力扩大财政预算基数,只要能争取到更多的项目和预算,就被认为是业绩突出。

绩效建设对于提升城市建设水平的驱动作用,在于它改变了各部门自我评价模式,引入了独立的绩效评价机制,完善建设信息系统和绩效评价指标。强化绩效评价功能,需要设置独立的绩效评价机构,开发绩效评价指标体系,实现建设、执法职能与监督、评价职能相分离。科学的绩效指标体系,建立在对各部门、各机构的基本职责进行工作分析的基础之上,可通过问卷、访谈、观察、经验总结等方法,提出和完善绩效指标体系。绩效评价机构依靠信息建设系统积累的统计信息,定期(每周、每月、每季、每年)发布各部门的绩效报告,对各部门的绩效状况进行评价。

绩效评价为城市建设提供了重要控制机制,是实施跨部门建设的重要手段。随着绩效报告的权威性和公信力不断提升,它会产生强大的内在驱动力,促使各部门主动改进工作,增强回应性,提升绩效状况。实施绩效建设,强化绩效评价功能,还需要健全激励约束机制,依据绩效评价的不同结果,分别给予相应的奖惩、晋升或责任追究,促使组织和个人沿着预设的绩效目标努力工作。

（三）无缝隙政府理论

无缝隙政府（seamless government）理论由美国学者拉塞尔·M. 林登（Russell M. Linden）首先提出，所谓无缝隙政府其实就是一种公民导向的组织结构体系，是一种公民社会政府再造理论，旨在提供多元化服务，并以整体而非各自为政的方式提供服务。在无缝化建设体系下，政府以整体团队的方式与公众接触，不得互相推诿扯皮。这样，政府内部各部门之间过去的壁垒变成了相互补位的网络体系。

从专业化建设走向无缝化建设，需要实施行政流程再造。行政流程再造，就是以满足公众需求为导向，重新设计行政业务流程，以降低行政成本，提高服务质量，提升政府回应性和问题处置能力。在我国行政体制环境下，地方政府自身难以推动行政改革。鉴于现实的体制约束，行政流程再造就成为地方治理创新的有效工具之一。无缝隙政府理论主张以顾客导向、竞争导向、结果导向为流程再造的基本诉求。

顾客导向是工商建设的一个概念。无缝隙政府借用了这个词汇，公共建设的顾客就是公众，他们是公共产品和服务的接受者和使用者。顾客导向要求政府要像工商建设部门对待顾客那样对待公众，以公民需求和满意度作为建设的基础，直接与公民互动，了解并汇集公民的相关信息和需求，据此改进社会建设和公共服务。

过去，政府改革主要是精简机构和人员，行政改革过程中的"减员增效"之风盛行。然而"减员"以后却不一定能够"增效"，行政部门依然存在官僚主义问题，忽视公众需求，缺乏竞争力和活力，行政成本也居高不下。无缝隙政府理论提出，改革政府不仅是简单的人员精减和机构重组，更重要的是引入竞争机制。当然，掌握公权力的政府不能像企业那样完全以竞争为导向，但在市场经济环境下，公共服务可以引入市场机制。允许和鼓励社会组织、民营企业参与和提供公共服务，在公共机构与社会组织、民营企业之间展开竞争，可以更有效地提供公共服务。

　　传统政府建设注重层级节制,部门运作以职能为导向,各机构关注法定职责定位,但对公众满意度却不够重视。随着人们对政府服务在速度、质量、多样性和便利性上的要求越来越高,按照部门和职能分工的传统体制显然难以满足需求。无缝隙政府以结果和产出为导向,强化绩效评价,并将绩效与预算挂钩,于是,政府部门也开始引入并实施全面质量建设、绩效建设、团队建设等方法。一旦部门领导人重视结果,并以改进绩效为导向开展工作,公务员就会增强责任意识,从而改变事前谨慎、事后敷衍的通病,致力于增强回应性,提高行政效率。

　　总之,无缝隙政府以满足公众的无缝隙需要为目标,通过流程再造和绩效评价来提升公共服务水平。无缝隙政府不是要全盘推翻现行行政流程,而是要改革不合理的行政流程,并对关键节点进行质量控制。无缝隙政府不再以部门、职能为导向,转而以公民需求为导向、以结果为导向、以竞争为导向,政府的每一项资源投入、人员活动和服务供给,都要着力于有效满足公众需求。

(四)公共治理理论

　　公共治理理论的基本观点是政府不应垄断公共事务建设权,实现善治的根本保障是公共建设主体多元化。在传统行政理论看来,政府是公共建设的唯一主体,公共服务由政府独家承担责任。政府不仅负责建设和决策,而且亲自提供公共服务。其结果是,政府部门下设有大量事业单位,社区组织也变成了政府的"腿"。这种政府部门既"掌舵"又"划桨"的做法,实际上就是既当裁判员又当运动员,它不仅降低了公共服务供给效率,而且还存在与民争利、腐败和分配不公等问题。

　　由于传统行政理论存在缺陷,20世纪80年代以来,行政学界开始思考如何重塑政府,各国政府在实践上也启动了政府治理改革。在此背景下,公共治理(public govemance)理论逐渐流行。公共治理理论认为,政府并不是唯一的公共建设主体,社区组织、社会团体和企业都可以参与其中。在治理理论看来,政府的核心职责是"掌舵"而非"划桨"。公共服务的生产工作，应尽可能发挥合作生产和社会协同的作用，调动私人部门、社会团体和社会单位参与进来。

如今，公共治理和治理变革已经成为政府建设的新理念。公共治理与传统行政建设的区别，主要表现在（1）建设主体不同。公共治理主体具有多样性，它既包括政府机关，也包括私人部门和非营利机构，现代社会的治理主体还包括国际组织，而行政建设以政府为唯一的权威性主体。（2）建设手段不同。公共治理的手段既包括控制和命令，也包括对话、互动、协商与合作，而行政建设主要依赖于行政控制和命令手段。（3）运作方式不同。公共治理实行"自上而下"指挥与"自下而上"参与相结合，而行政建设主要通过"自上而下"途径进行单向度建设。

公共治理理念对于重塑政府具有重要价值。由于存在"市场失灵"问题，政府有责任承担公共产品和公共服务供给责任。但需要区分"掌舵"职能与"划桨"角色。[①]"掌舵"涉及建设决策，包括提供什么服务、提供多少、质量标准，以及服务监督等，必须由政府负责。而"划桨"既可由政府和公营部门承担，也可通过各个部门与私人部门合作（简称PPP）方式，由企业和社会组织生产并提供服务。例如，政府有责任建设市容环境，但不必亲自"划桨"，可通过合同外包、政府补贴、志愿服务等方式，由物业公司、保洁公司、社会单位、志愿者承担维护任务。

三、智慧型城市建设的技术

（一）地理信息系统（GIS）

地理信息系统是将计算机图形、图像和数据库、多媒体融为一体，储存和处理空间信息的高新技术。它把地理位置和相关属性有机结合起来，借助独特的空间分析和可视化表达，进行辅助决策，满足政府建设、企业经营、居民生活对空间信息的要求。

---

① 奥克森.治理地方公共经济[M].万鹏飞,译.北京:北京大学出版社,2005.

GIS 的上述特点使之成为与传统方法迥然不同的先进手段，在区域规划、产业布局、市政建设、交通监测、环境评价、景观设计等方面发挥了重要作用，同时也是各政府部门电子政务建设中的核心内容与手段。

GIS 技术能够最大限度地利用现有资源达到支持各部门合作的目的。全世界数以百计的城市利用 GIS 这一工具，成功解决了各式各样的问题。

GIS 软件是建立、编辑地理数据，并对其进行空间分析的工具集合。这些工具可以帮助政府部门完成各种工作，包括批示申请、应急反应、设施建设、规划、预算、决策等。

许多政府部门已经认识到 GIS 软件在数据集成和提高日常工作效率方面的价值。GIS 在拓扑数据模型的基础上，可灵活地集成其他类型的数据，例如光栅图像、扫描文档和 CAD 图形。GIS 软件能在一个连续无缝的方式下建设大型的地理数据库，这种功能强大的数据环境允许集成各种应用。最终用户通过 GIS 的客户端软件，可直接对数据库进行查询、显示、统计、制图及运行空间分析。

（二）宽带城域网（MAN）

城域网在内容上已远远超越了其原有的定义：以宽带传输为开放平台，提供话音、数据、图像、多媒体、IP 接入、各种增值业务及智能业务，并与其他网络实现互联互通。作为覆盖城市所有范围、为全市各类用户提供宽带接入的数据通信网络，宽带城域网近年来得到了快速的发展。各地纷纷上线基于不同技术平台的城域网，其接入方式多种多样，已开发和待开发的业务种类繁多，宽带城域网运营商从规模竞争转向全业务运营竞争和效益竞争。

由于动态包交换技术（DPST）的出现，IP 网络已成为宽带多媒体光纤网的新宠，其传输速率可达 Gbps 以上。通过光纤可完成千兆以太网到桌面的布线系统。无线局域网、无线城域网、移动互联网等受到广泛重视。HFC 技术和顶置盒的结合、新型嵌入式系统等使网络技术正在向家庭发展,正在完成它"最后一米连接"的使命。

(三)数据库技术

随着时间的推移,数据库技术取得了长足的发展,主要包括查询优化、对象关系数据库系统、数据复制和数据并行处理等(图 4-1、图 4-2)。

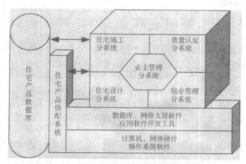

图 4-1　住宅 CIMS[①] 工程的总体结构

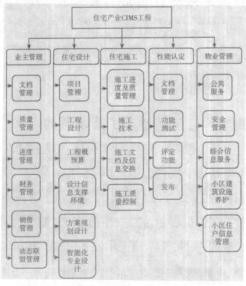

图 4-2　住宅 CIMS 工程的总体功能模型

---

① CIMS——Computer Integration Manufacture System,计算机集成制造系统。

（四）遥感技术（RS）

遥感是在远距离空间平台上，利用可见光、红外、微波等探测仪器，通过摄影、扫描、感应、传输、接版或处理技术，从而识别物体性质和运动状态的地空复合技术系统。

当前，对地观测技术即将实现多时相、多角度和高分辨率化，米分辨率的商业卫星已开始销售卫片，并将成为建造数字建设的主要信息源。数字摄影测量系统与地理信息系统一体化将是数字建设的主要特征。航天航空信息内容丰富、影像直观、现实性好、更新速度快，根据遥感信息，可以制作数字正射影像，建立地面数字高程模型，自动识别地面目标及其性质等，这将成为数字建设的空间信息和部分属性信息获取的主要手段。目前航天遥感影像的长线阵 CCD 成像扫描仪可达到 $1\sim2$ m 的空间分辨率，可以看到城市建筑、道路、车辆等。成像光谱仪的光谱细分可达到 $5\sim6$ nm 的水平，能自动程度较高地区分和识别地面目标的性质和组成成分。卫星遥感覆盖的重访周期目前可达 $15\sim25$ d，将来利用小卫星群，其周期可缩短至 $2\sim3$ d，从而保证了信息的现实性。多波段、多极化方式的雷达卫星，可以克服雨雾、黑夜的影响，实现全天候、全天时的对地观测。航空遥感空间分辨率更高，其影像信息可制作 $1:2000$ 甚至更大比例尺的正射影像图和建立地面数字高程模型。近景摄影测量能够近距离拍摄城市建筑景观、提取纹理，成为城市三维模型的主要信息来源。

（五）全球定位系统（GPS）

全球定位系统是目前最成熟且已真正应用的卫星导航和定位系统。它汇集了当代最先进的空间技术、通信技术及微电子技术，以其定位精度高、可全天候获取信息、仪器设备轻巧、价格相对低廉等诸多优点而被世人瞩目。GPS 共包括三部分：一是空间部分，由运行在 6 个轨道上的 24 颗卫星组成；二是控制部分，包括设在美国科罗拉多州的主控制站和 5 个分布在各地的检测站，主要任务是对系统工作进行建设、监测和控制；三是用户终端设备，包括 GPS 接收机、显示器等。

GPS 的技术应用范围已从传统的测量及军工领域渗透到许多崭新的行业：通信行业用做时间同步；电力、电视、地下管道用于布设线路；交通、运输部门营建 ITS 系统和监控系统；公安、银行、医疗、消防等营建紧急救援或报警系统；汽车、船舶用于定位导航；空间数据提供商用于采集地理相关数据信息并提供位置服务(LBS)；广播电视行业用于制造卫星电视定向接收天线；在电子商务领域，卫星导航定位技术用于 CRM 客户建设和物流配送体系；电脑制造商、通信设备商正在推动通信、电脑、卫星导航定位接收器一体化的各类移动信息的终端使用。

(六)虚拟现实技术

数字建设具有空间特性，也具有时间特性。在空间上描述城市自然和人工景观的空间位置和几何形态，时间上描述城市变化。虚拟现实技术能从不同位置、不同角度、不同时间观察城市，给人提供身临其境的感觉。目前的数字摄影测量技术，能够通过航空或地面拍摄照片来构造立体模型，通过人造视差方法，构造无缝拼接、可量测的城市虚拟立体。

城市仿真就是虚拟现实技术具体应用于城市。它主要具备以下特点：良好的交互性，任意角度、速度的漫游方式，可以快速替换不同的建筑；形象直观，为专业人士和非专业人士之间提供沟通的渠道；由于采用数字化手段，其维护和更新变得非常容易。仿真系统可利用地理信息系统的数据生成三维地形模型，再利用卫星影像和航空影像作为真实的纹理贴图。

(七)城市智能交通系统

智能交通系统对城市道路信息包括道路状况、道路标记、收费地点和停车场、桥梁隧道和加油站等附属设施，以及突发事故信息，能够实时准确地发布，引导用户选择最佳交通方式及路线，保证交通运输持续高效地运转。通过合理调度交通流量,消除道路堵塞,建设良好的交通秩序,减轻环境污染;提高行车安全,减少行驶时间。

智能交通建设控制中心自动进行交通疏导控制和事故处理,随时掌握车辆的运行情况,高效、科学地进行调度与安排。通过应急探测与建设系统,可对突发事故和道路状况做出实时的分析判断,并将记录反馈到控制中心,使事故迅速得到处理。通过对地面交通、地下交通和空中交通进行全程监控,保证城市交通的全面畅通(图 4-3)。

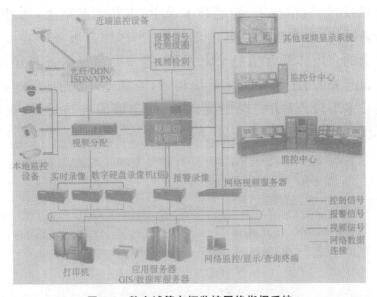

图 4-3 数字城管车辆监控网络指挥系统

智能汽车的自动驾驶技术具有障碍自动识别、自动报警、自动转向、保持车距、保持车速和巡航控制功能。安装在车身各部位的传感器、盲点监测器、微波雷达、激光雷达、摄像机等设施由计算机控制,在易发生危险的情况下,随时向司机提供必要信息,并可自动采取措施,有效地防止事故发生。车内存储有相关信息参数,当监测到这些参数发生变化、超过某种安全极限值时,就会向司机发出警报,采取相应措施,预防事故的发生。

（八）智能楼宇与智能小区（IBS）

智能建筑是能将建筑物中用于综合布线、楼宇自控、计算机系统的各种相关网络系统及其功能设备，优化组合成满足用户功能需要的完整应用体系。它充分融合建筑、控制、信息、人工智能等先进技术，提供高效、舒适、便利、安全的建筑环境，实现建筑价值的最大化。智能建筑一般由楼宇自动化系统（BAS）、办公自动化系统（OAS）、通信自动化系统（CAS）三大系统组成。

智能小区是在智能建筑的基本含义中扩展延伸出来的，是在计算机技术、通信技术、控制技术及 IC 卡技术基础上，通过有效的传输网络，建立沟通小区内部住户、小区综合服务中心以及外部社会的多媒体综合信息交互系统，将多元信息服务与建设、物业建设与安防、住宅智能化系统集成，为住宅小区的服务与建设提供技术手段，以期实现快捷、高效的超值服务与建设，提供安全、舒适的家居环境（图 4-4）。

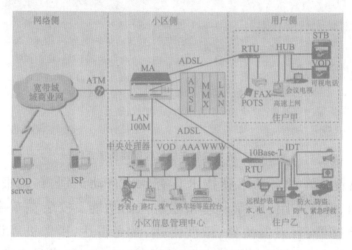

图 4-4　智能小区综合建设服务系统

智能化住宅小区包括：

安全自动化（SAS）：室内防盗报警系统、消防报警系统、紧急求助系统、出入口控制系统、防盗对讲系统、煤气报警系统、摄像监控系统、巡更系统。

通信自动化：数字信息网络、语言传真、有线电视、公用天线系统。

建设自动化（MAS）：水、电、煤气的远程抄表系统、停车场建设系统、供水与供电设备建设系统、公共信息显示系统。

（九）城市智能卡技术（IC）

IC 卡的广泛应用已成为城市信息化建设的一大热点，以智能卡为基本工具的城市 IC 卡数字网络工程正在蓬勃发展之中。

在"城市通卡"工程项目中，发行 IC 卡作为信息的载体和接口，建立城市公共事业建设信息平台。将生活信息和消费信息，通过使用 IC 卡进行数字化记录，反映到相关信息系统中，在完成业务处理的同时，大量的信息汇总勾画出城市的生活脉络，为城市中的个人、企业及城市建设者的活动决策，提供了有力的分析基础和指导依据。

（十）城市位置服务系统（LBS）

城市位置服务系统是指通过移动终端和移动网络的配合，确定移动用户的实际地理位置并进行增值服务的一种移动通信与导航相融合的服务形式。

LBS 服务有多个相关系统，包括蜂窝网络与基站、动态输入数据、地理资源库、移动用户终端、定位接口、GPS 等。LBS 将卫星导航、移动通信和互联网融合交会起来，形成一个独具特色、前景无限的新兴产业。

手机、PDA 都可成为 LBS 用户终端，它要求有完善的图形显示能力、良好的通信端口、友好的用户界面、完善的输入方式。

（十一）城市现代物流建设系统（Logistic）

现代物流是指根据顾客要求，实物产品从生产、仓储、运输到销售、配送、服务的流通过程，这一过程也包括有关实物产品信息的传递。现代物流利用互联网技术完成物流全过程的协调、控制和建设，实现从网络前端到最终客户端的所有中间过程服务，其特点是使物流与信息流同时在系统中流动，物流成为一种用信息技术为消费者提供低成本服务的活动。高效的物流信息网络可有效组织产销环节，将必要的货物，按必要的数量，以必要的方式，在必要的时间，送到必要的地点。供应链上的贸易伙伴都需要这些信息以便对产品进行发送、跟踪、分拣、接收、储存、提货以及包装等。现代物流涉及多个行业和部门，以信息为纽带，有利于促进建立行业、部门之间的有效协同工作机制。

现代物流能实现企业之间、企业与消费者之间的资金流、物品流、信息流的无缝链接，同时还具备预见功能，最大限度地控制和建设库存。由于现代物流全面应用了客户关系建设、商业智能、计算机电话集成、地理信息系统、全球定位系统、无线互联技术等先进的信息技术手段，以及配送优化调度、动态监控、智能交通、仓储优化配置等技术手段和建设模式，使企业获得建立敏捷的供应链系统必需的技术支持。

（十二）城市公共呼叫中心（Call Center）

最先建立呼叫中心的是电信部门、民航部门，如 114、117、129、122、168 以及民航电话售票等。但这些应用多处于分散、单一功能阶段。随着城市机构改革的深入、服务意识的加强、信息化程度的提高，呼叫中心被引入政府机关，在民政、公用事业、卫生、旅游等部门，成为联系群众、排忧解难、紧急救援、指导行业发展的重要手段。

城市公共呼叫中心平台是集呼叫转接分流、信息查询、业务受理、客户投诉、客户回访与主动呼出、外包业务、增值业务服务于一体的多媒体呼叫中心。它采用 CTI 技术并充分使用企事业单位现有的各专业呼叫中心，将自动语音查询、人工服务、互联网、信息资料处理紧密结合起来，提供全天候 24 小时不间断服务。客户可以利用电话、传真、手机、电子邮件、互联网、短消息等方式向该公共呼叫中心请求相关服务。该系统由以下部分组成：

智能网络(IN)、自动呼叫分配(ACD)、交互式语音应答(IVR)、计算机电话综合应用(CTI)、主计算机系统、来话呼叫建设(ICM)、去话呼叫建设(OCM)、集成工作站、呼叫建设(CMS)、劳动力建设(WFM)、呼叫计费、壁板显示等。

未来几年内，我国的呼叫中心行业将以每年15％的速度增长，更多的政府机关部门选择租赁外包式呼叫中心运营商的服务来实施呼叫中心，为其客户提供更为优质的服务，同时降低建设运营成本。

四、北京市数字化城市建设实践

前文我们提到，中国的数字化城市建设采用了三批次的试点探索，那么在这些探索的基础上实现的城市数字化建设又是一个什么样的状态呢？对中国其他城市建设来说其借鉴意义又在什么地方？本节将对几个国内数字化城市建设的典型案例进行重点探讨。

（一）东城区数字化建设模式

北京市东城区是北京市的中心城区，著名的天安门广场、王府井商业大街就坐落在这里。21世纪以来，东城区发生了翻天覆地的变化，但是城市的建设信息输送滞后、城市的建设也被动后置，政府的建设不到位，部门职责模糊、职能交叉，建设方式粗放等多种社会问题广泛存在。直接影响到整个城市的运转以及市民的生活水平。因此，东城区开始从更新城市方面的建设理念着手，设计并逐步实施了一套全新的城市建设模式——万米单元网格城市建设模式（简称东城模式）。这种建设模式的首创时间是2004年10月，依托于现代信息建设技术，实现了东城区的市内建设空间细化以及建设对象精确定位。

东城区探索与实施的万米单元网格城市建设新模式，标志着数字化城市建设模式初步登上中国城市建设的舞台。东城模式的开展实施，立即受到全社会的关注，北京市的领导以及有关的专家学者也给予了充分肯定与支持。

1. 万米单元网格建设

东城区采用 $100m^2 \times 100m^2$ 的基本单元划分,对东城辖区进行全时段监控。通过这一模式的建设,东城顺利完成了空间建设上的精细化,将过去由十几人建设 $2\sim5km^2$ 的区域变为现在只需要 1 名监督员即,并且还把建设的区域范围扩大到现在的 18 万 m^2,同时还把建设层面的责任制做了重大调整,即由过去的三级责任人变为了四级责任人制。

2. 城市部件建设

即运用现代的地理编码技术,通过网格化的城市建设信息平台对所在城区加以分类建设。东城区将 168339 个部件分为 6 大类 56 种,并建立了 8 位的代码,设计出相应的图例,将所有的部件依据实际的位置加以定位标注,建立了属性信息数据库与地理编码数据库。

这种方法为建立城市的建设对象提供了一定的方式方法,为城市的多个建设领域的拓展应用提供了可延伸的地理空间。

3. 信息采集器——"城管通"

这种采集器即是一种利用无线网络的工作系统。其工作的原理是用手机作为原型,对现场的信息进行实时的采集、定位和传送。这种工作系统的好处就是集接打电话、短信群呼、表单填写、地图浏览等多项功能于一体,实现信息的实时传送。

监督员可以运用"城管通"把在现场第一时间采集到的建设问题的图片、表单、位置等快速地发送给城市监管中心,以此来实现对城市监督员工作的监督与建设。

4. 两个"轴心"的建设体制

东城模式的建立主要是为了解决东城的问题,如监管不分、缺乏统一协调等,这种管理模式是将监督轴与指挥相分离的双轴化新型城市建设体制。

监督轴其实最主要的是负责城市的建设监督和评价,并设置专门的建设机构,对城市中出现的问题巡查、上报与立案;指挥轴主要是作为区政府主管城市的公用事业、城市环境的综合建设部门,统一调度分散在城市各个部门中的市建设资源与执法力量,让各个部门之间能够协调解决城市建设工作。

两个轴心的制定,实现了城市各个建设部门各负其责、相互制约的良好效果。通过对建设资源的整合,克服了各部门间建设交叉、条块分割的弊端,让各部门间达到了相互协同的效应。

5. 评价体系建设

东城区对城市的建设模式主要是依靠相对先进的网格化信息平台进行的,在建设过程中主要从区域评价、部门评价及岗位评价这3大方面着手,建立了一种内评价与外评价相结合的新型评价体系。

内评价主要是依据新型的信息平台进行的,对所在辖区的相关数据记录实时生成评价结果,评价的对象主要是区域、部门及岗位。而外评价则是针对城市建设信息平台中记录的相关数据无法反映的指标,在向辖区内的百姓及有关方面征询意见后,做出的主观性质的评价。这两种新评价体系的建立,对过去的专业部门采用本部门评价本部门的状况做了彻底的改变。

(二)朝阳区数字化建设模式

朝阳区是北京国际化水平最高的地方,是中国对外进行国际交流的关键窗口。近年来,朝阳区的经济发展十分迅速,社会对外开放性以及人口流动性也在大幅增强,新的社会经济组织以及其他的组织得到快速的发展,居民社会服务的需求逐渐呈现多层次、多样化发展的特征,对社会的建设以及服务等都提出了新的挑战。面对这一形式,朝阳区政府和专家学者也在积极地探索构建一个新的社会建设模式。

朝阳模式的发展是从网格化系统开始的,经过一段时间的探索与创新,现在已经发展成了一体化的建设平台与决策系统。利用当前信息的快速发展,创新社会建设方式,有效建设新的朝阳模式。

1. 创建网格化建设系统

2005 年,朝阳区在对自身建设方面的问题做出总结之后,借鉴了东城区的城市建设经验,组建了符合自己建设要求的网格化建设系统,同时还成立了专门的监督与指挥中心,对所在城市辖区内的建设部件及事件进行了十分精细化的建设。

2. 拓展网格化的适用范围

网格化的建设最初只是用来监督街头的小广告、机动车乱停放、垃圾乱放等一些市容、秩序的问题。之后,为了能够保障奥运的顺利召开,朝阳逐渐把消防、食品安全等其他的工作也纳入网格化的建设中。2008 年召开奥运会结束之后,朝阳区又在原来的基础上对网格化建设的使用范围做了进一步的拓展,将人口建设、房屋建设、安全生产等方面也纳入其中。

3. 升级政府热线、鼓励公众参与

为了能够进一步地提升全市便民服务的功能,朝阳区开始对工商、房管、市政、计生等多达 20 个部门的几十条市民热线进行升级整合,设置一个统一的热线号码。这种升级整合,方便了市民的参与,同时也能够有效地对政府进行监督。

4. 创新市民参与机制

朝阳区创新地实施了"门前三包"责任,如图 4-5 所示,并对这些信息进行实时的图层更新,通过监督员、机关联系人、街道办事处、专业公司等共同参与的方式对信息进行更新,确保发布的数

据能够及时、准确,如图 4-6 所示。

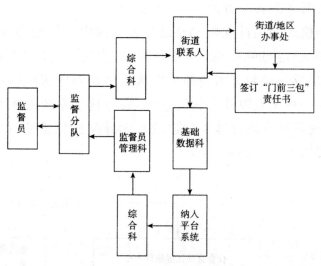

图 4-5　"门前三包"责任流程图

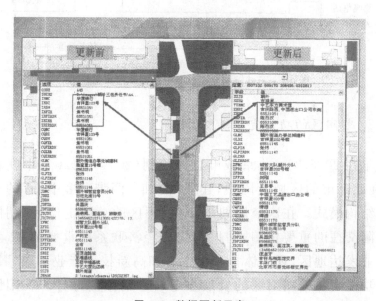

图 4-6　数据更新示意

(三)朝阳模式的运营流程

1. 朝阳区的无缝隙运营

朝阳模式设计的范围比较广泛,涉及城市建设、综治维稳、社会服务、社会保障等多达 10 个大的项目。基本上涵盖了社会建设与社会服务的各个方面。

朝阳模式的运行流程主要以监督指挥中心为轴心，再以问题为导向，按照信息的报送、任务处置、处置反馈、监督评价等共 7 个步骤，形成一个相对闭环的工作流程。朝阳区实施的这 7 个工作流程是一种无缝隙社会建设系统，通过这个系统的相互制约和监督，实现对社会进行数字化建设。无缝隙社会建设系统的监督指挥流程如图 4-7 所示。

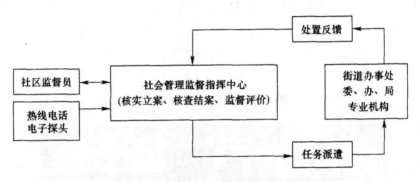

图 4-7　无缝隙社会建设系统的监督指挥流程图

2. 朝阳区的功能定位

早在 2005 年，《北京城市总体规划（2004—2020）》中就曾指出：在北京市的区域范围中，建立"两轴—两带—多中心"的空间发展结构模式。在这个规划中，对朝阳区的总体定位是"朝阳区是国际交往的重要窗口，中国与世界经济联系的重要节点，对外服务业发达地区，现代体育文化中心和高新技术产业基地。"以上这些功能定位给朝阳区的发展立了一个清晰的标杆。朝阳区在之后的发展中全面提升经济、科技、文化、教育、体育等功能。加快奥运、CBD、电子城三大功能区发展，进一步深化城市改革提高城市发展水平，如图 4-8 至图 4-12 所示。

图 4-8 朝阳区功能定位一:国际交往窗口

图 4-9 朝阳功能定位二:中外经济的连接点

图 4-10 朝阳区功能定位三:现代体育文化发展中心

图4-11 朝阳区功能定位四：对外服务业发达地区

图4-12 朝阳区功能定位五：高新技术产业基地

（四）朝阳模式提供的经验

朝阳模式通过实施行政流程再造，促使各职能部门和专业机构必须切实履行职责，实现了从粗放性建设、突击性建设走向规范化建设、无缝隙建设，提升了社会建设的常态化、系统化和精细化水平，提升了社会问题处置能力和社会风险应对能力。在职能定位上，社会建设监督指挥中心遵循"掌舵而不划桨"原则，不替代各行政部门和专业机构履行职责。

朝阳模式的主要经验在于：

1. 实行监管分离

惰性滋生前提是缺乏行之有效的监督机制。在传统的行政建设模式下，城市的街道办事处以及各委办局都分别担负着社会的建设与服务的职能。但是，由于信息的获取不对称，其中的很多负责机构即便是有行政不作为现象存在，也很难及时发现并启动问责机制。

2. 推进流程再造

朝阳区依托于先进的信息网络与监督指挥体系，以问题信息为抓手，全面推进行政流程再造，打造群众满意的政府体系，明确界定各种责任的主体职责范围以及履责的时限，并极力强化对于关键节点的监管与控制，实现流程由部门化向跨部门化的转变。

3. 实施绩效评价

朝阳区在原有监督平台的基础上，又建立了一套新的绩效评价机制。监督指挥平台实时更新数据，还会对各责任主体排名，由系统依据监督所取得的数据自动进行排名，数据有很多，如被立案的次数、按时结案率、尚未结案率等。因此，在这种情况下就有很多的机构做到迅速处理案件，达到群众满意。

4. 拓展合作治理

在区政府主导下，朝阳区积极寻找一种社会合作治理的模式，把市场的建设机制与社会力量引入城市建设中来，政府相关机构也采取了签订责任书、业务外包、社会动员等多种多样的方式对公民、组织加以引导。合作治理能够比较有效地与过去的政府垄断相区别，是一种新的治理模式，和市场之间形成了良性互动，二者之间形成一种资源分享、优势互补、相互依赖的格局。

5. 创造诚信系统

诚信不但是个人的自律行为，也是十分重要的社会资本，它可以提高个人的形象，也可以在政府建设中获得居民的肯定，朝阳区依托强大的互联网功能，建立诚信机制，定期考核政府各个部门的履职情况,对民众反映情况的处理情况,让群众心中有一个好的体验。同时也对社会中的个人诚信记录进行监管,取得良好的效果。

第二节　城市文化信息传播与品牌建设

一、城市文化信息传播

（一）城市形象传播分析

在对城市形象传播现象进行分析时,我们根据传播学的观点分析这种传播现象。传播学的奠基人之一——拉斯韦尔在1984年的《社会传播的结构与功能》一书中提出传播学的"5W"传播模式,阐明了传播过程中所涉及的五个要素,并在今后传播学的发展中奠定了传播学研究的五大内容。下面从这五个方面对城市形象传播现象进行分析。

1. 传播的控制分析

传播者在传播过程中担负着信息的收集、加工和传递的任务。传播者既可以是个人,也可以是集体或专门的机构。从"关系归属论"的视角来看,城市形象传播主体具有多元性,一般来说,政府、媒体、行业企业和市民公众通常被认为城市形象的传播者。

从目前国内城市形象传播的实践来看,政府是城市形象传播的主导力量,城市形象传播的规划、定位都主要依靠政府部门。政府部门开展城市形象传播主要有两种做法:一是成立专门的城市形象推广委员会,由委员会来整合各方力量开展城市形象传播工作;二是城市的旅游部门、外事部门、经贸部门和宣传部门四个部门在各自管辖范围内进行形象推广与传播工作,其中以旅游部门牵头居多,目标指向为打造旅游目的地形象进而带动当地旅游产业发展。

重点行业企业在城市形象传播中也发挥着越来越重要的作用。从城市形象构成角度来审视，一个城市的优势行业、强势企业对形成良好的城市形象具有显著正相关效应。越来越多的城市通过行业品牌、企业品牌和产品品牌使城市品牌具象化，通过行业形象、企业形象和产品形象的传播打造城市形象。从某种意义上说，一座城市的形象往往是同一系列品牌紧密地联系在一起的，如江西的贵溪市，其拥有"亚洲第一，世界前三"的上市铜产业集团公司——江西铜业集团公司，因此该城市定位为"中国铜都"；辽宁鞍山市则以鞍山钢铁集团公司为支撑，提出了"中国钢都"的城市定位。实际上，无论城市形象定位是否直接与一个企业或者行业有关，城市重要的企业或行业品牌都会较大地影响公众对城市形象内涵的理解，如杭州以阿里巴巴为代表的网商品牌，以万向、青春宝、娃哈哈为代表的杭商品牌，以印象西湖、宋城千古情为代表的杭州文化品牌，以龙井茶、喜得宝丝绸为代表的杭州产品品牌等都大大丰富了公众对杭州东方休闲之都这一城市形象的理解。不仅企业自身是城市形象的构成要素，而且其在经营管理过程中有意无意地传达城市信息，也为城市形象传播起到了推波助澜的作用。

市民是城市物质财富和精神财富的创造者，是城市形象塑造与传播的主体，其在城市形象传播中具有重要的地位和作用。一个城市的声誉是该城市市民共同的财产，作为权力体现的政府仅仅充当着临时守护者的角色。首先，市民素质是城市形象的内核之一，市民通过提高自身素质对城市形象传播而言是一种源动力的提升；其次，市民参与是城市形象传播的关键环节，只有发动市民参与城市形象传播，使城市形象得到市民的广泛认同，城市形象的建立才有牢固的社会基础。市民的素质、言行举止，随时随地都凝结着、传播着城市的文明信息。因此，要想建立良好的城市形象，离不开市民的广泛参与和自觉维护。

2. 传播的内容分析

传播的信息内容,是由一组有意义的符号组成的信息组合,包括语言符号和非语言符号,蕴含了一定的思想观念、感情、态度等。城市形象作为公众对城市的整体印象和评价,其构成要素极其复杂,但从操作实践上看,大多数城市在形象传播中较多地侧重于招商引资、旅游度假、生活氛围方面的宣传,这与阿斯沃兹和沃德总结出的"城市形象三大要素"是统一的,但是值得注意的是,许多城市在对城市的历史、文化、特色等方面内容的推介仍较为缺乏。

满足受众的需求是所有城市形象传播活动的核心所在,城市形象传播活动必须从考察受众需求出发,认真分析影响受众需求以及受众决策的要素,如此才能规划出具有针对性和实效性的传播内容。

城市形象是城市给人的印象和感受。可以构成人们对一个城市印象和感受的要素十分广泛,建筑物、道路、交通、店面、旅游景点、生活设施等无一不是构成这种印象和感受的基本要素。因此,从广义上讲,一切能够影响城市形象形成的因素都可以成为城市形象传播的内容,而这就需要传播者对城市形象进行全方位的品牌管理,在城市与受众的每一个接触点上实施传播管理。

但问题在于,如果将城市形象所有构成要素都纳入实际的传播管理中,未免也不够现实。在现代营销传播理论看来,杂乱无章的传播次数越多,信息间的干扰对冲越大,传播效果未必更好。因此,在可控的城市形象传播中就必须对传播的内容进行规划和取舍,避免信息的杂乱无章,而这就需要在确定城市形象传播内容前,明确城市形象定位。只有在明确城市形象定位的基础上,才能有针对性地选择能够表现这一定位的城市形象元素进行有效传播。

3. 传播的媒介分析

巴黎感受着时尚,日本意味着技术,瑞士象征着财富,里约热内卢意味着热浪和足球,而塔斯卡尼则意味着幸福的生活,大部分的非洲国家则就是贫困、战争、灾难和疾病。这是城市形象给我们的普遍的、社会公认的认知。

早在 20 世纪 20 年代,美国传播学家李普曼就在其所著的《公众舆论》一书中论及拟态环境问题。人们生活日渐忙碌,感知信息时间减少,大量的社会活动取消,越来越忙碌的工作环境,使获得信息的方式就是传播媒介。人们在很大的程度上依靠大众传播媒介给予的信息形成对社会的印象反射。拟态环境制约着人们的行为方式,并且对客观的现实环境产生影响。因此,大众传播媒介对于城市形象传播而言,意义极其重大,毫不夸张地说,城市传媒形象在某种程度上已经主导了城市形象。

现代营销管理理论从企业营销的角度,归纳和提炼了多种信息传播工具可用于推动信息传播,除媒体广告之外,直接营销、促销、公共关系、个人销售等都是传播的有效工具。在城市形象传播中,我们应该充分学习和利用其他传播形式和传播渠道以配合大众媒体的形象传播,如利用画册、画页、图书、DM 等媒介形式,利用节庆、会展等活动渠道,最终形成大众传播、中众传播和小众传播的相互配合,新媒体和传统媒体相互协同的整合状态(表 4-2)。

表 4-2　城市形象传播目标及有效工具

城市形象传播目标	有效的工具
建立城市形象信任度	公关
城市与生活、行为方式关联	广告、宣传活动
建立知名度、树立城市形象	广告
刺激城市产品购买或再次购买	促销
建立客户对城市形象的高度忠诚	奖励、抽奖等
培养城市参与感	宣传活动、各种体验活动
针对细分市场、推介城市招商、旅游等特色产品	寄件媒体
刺激城市形象推荐率	荣誉市民、相关的俱乐部
发布消息	广告、公关

从接触点管理的角度来看，城市形象传播的媒介管理实质上就是整合营销传播视角的接触点管理。在进行城市形象传播时，要将城市形象差异要素有意识地落实到相应的形象接触点上，让公众在接受和体验城市形象相关信息时，清晰、一致地感受到城市的核心内涵。使城市形象信息持续不断地在所有接触点上传播品牌差异要素，演绎形象核心差异因素，在公众的心智中留下丰富的形象联想和鲜明、独特的城市形象个性，从而提高城市形象传播效率，降低城市形象建设成本，这也是城市形象接触点管理的本质所在。

4. 传播的受众分析

受众是传播的最终对象和目的地。传播总是针对一定对象进行的，没有对象的传播是毫无意义的。事实上，传播者在开始发起传播活动时，总是以预想中的信息接受者为目标的，传播是针对目标受众进行的具有一定指向性的活动。

当代西方城市营销理论普遍强调城市营销的顾客导向，这为城市形象传播受众的确定提供了极好的借鉴。科特勒对城市营销的目标市场做了开拓性的分析，他认为一个城市无论是要摆脱经济的困境，还是要维持或是要促进经济的繁荣，其城市营销的主要目标市场都应该包括四大类，即访问者、居民和从业者、商业以及工业、出口市场。庄德林、陈信康通过归纳将城市营销的主要目标市场分为五大类，分别是投资者、居民、就业者与创业者、旅游者、城市外销产品的购买者。

城市形象传播受众角色具有多重性。城市形象传播的内部公众既是拉斯韦尔5W传播模式中的受众，又是这一传统传播模式中的传播者，是传、受双方角色的高度统一，城市形象传播的内部公众在对内传播时扮演着受众的角色，而在对外传播中却承担着传播者的角色。实际上，城市形象传播的外部公众也不是单纯意义上的受众，在新媒体环境下，传播模式由单向传播变成了双向互动，传、受双方身份界限被模糊。

5.传播的效果分析

传播效果是信息到达受众后在其认知、情感、行为各层面所引起的反应,它是检验传播活动是否成功的重要尺度。在拉斯韦尔模式中,传播效果处于模式的终端环节。但是在城市形象传播过程中,传播效果呈现出阶段性、多层性的特点。

城市形象传播是一种典型的多级传播,举例而言,政府通过大众传播媒介将城市形象的消息传递给城市的内部受众,也就是当地的居民,当地的居民又将这一信息转送至城市外部的受众,不仅如此,在内外之间也存在着意见领袖传递给纯粹的旁观者的现象,因此,城市形象在每一次的信息传递过程中都产生影响效果和出现城市形象的累积,出现了阶段性和多层性的特征表现。

1962年罗杰斯提出了著名的创新扩散理论(图4-13),他指出,创新扩散的传播过程可以用一条类似于"S"形的曲线来描述。

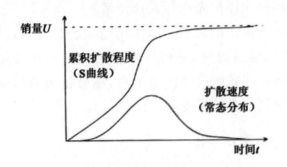

图 4-13　罗杰斯的创新扩散理论

创新扩散理论广泛应用于社会各行业新事物新观念的扩散现象,对城市形象传播与推广也同样适用。城市形象传播效果的好坏,与传播者、传播内容、传播媒介、传播受众都密切相关,创新扩散理论对于城市形象传播效果控制提供了许多有益的启示。速度就会比其他城市形象要快。

创新扩散理论被认为是传播效果研究中的一个里程碑,它为城市形象传播效果提升提供了极具价值的理论参考。但是这一模式还存在着缺乏互动的问题。1981年,罗杰斯和金凯德提出了一个代替性的"辐合传播模式"，他们认为互动是一种循环过程，在这个过程中，传者和受者之间可以相互理解、相互加强联系。因此，城市形象传播要取得成效，就必须充分注重传播互动，同时有必要对城市形象传播进行效果评估，一方面可以检验城市形象传播是否达到预期目标，另一方面，这也将更好地为接下来的城市形象传播互动提供决策参考。

（二）城市形象传播途径

如何将城市形象传播最大化是长久以来传播者的最大目标。"地球村"的概念出现以来，我们就进入了信息爆炸的互联网时代。多元化传播，整体宣传，充分利用各种媒体、各种途径来宣传城市形象。

传播的途径有人际传播、组织传播、大众传播，小范围的人际传播和小集体内部的组织传播，但都不如大众传播来得猛烈。所以城市形象的传播途径优先选择大众传播。

现代传媒对于城市形象的传播作用越来越显著，有着强大的影响力，病毒式的传播速度，使得媒体传播的地位越来重要。综合运用传统媒体和互联网这些网络平台，结合重大的活动事件都可以加强城市形象传播的深度和广度。

1. 传统媒介的影视传播

（1）电视剧

电视剧是城市文化和形象传播的重要载体。中国电视文化事业的迅猛发展，出现了大量具有鲜明城市特色的电视剧，彰显出城市的地域特色，承载着城市文化内涵，扩大了城市的知名度，增强了城市文化的竞争力。

首先电视剧在城市形象的传播中扮演着重要角色，在各类电视节目中占重要的比例。电视剧的故事题材多样，其目标受众也各不相同，因此城市形象的品牌宣传效果也会出现不同程度的差异。并且电视剧的收视率也能表现出城市形象的宣传效果，收视率高的电视剧对城市形象的宣传有着至关重要的作用。

①发展趋势。都市生活题材已成为城市形象传播最为理想的电视剧题材,利用都市的自然、人文景观,运用高潮起伏的情感故事,赋予城市内在品质与人文气息,使城市形象在景、情、人的交融中成功地塑造并传播出去。

电视剧拍摄地分布方面,北京、上海两地占绝对优势,其次是东部沿海一带,西部内陆较少,电视剧城市背景的选择在当中便显得尤为重要。选择的城市应该与电视剧主题、旋律保持一致。

电视剧拍摄地呈现出跨区域性,随着经济的发展和交通的日益便利,跨区域拍摄成为当下电视剧选取场景的一大趋势。城市与城市之间联手进行城市形象宣传,不仅可以节省经济投入,而且可以丰富电视剧拍摄的场景,使电视剧本身和城市之间达到双赢。

②传播途径。首先,可以选取城市的某处景观。一些电视剧为了反映特定城市的生活环境和历史面貌,会在这个城市中选取最具有代表性的景观作为拍摄外景地。城市管理者应该抓住这种良好的宣传机会,进行宣传报道,有助于扩大城市的知名度,对具体的城市标志性的建筑增加其文化影响,带动城市旅游业的发展。

其次,是以一座城市为故事背景,并直接标在影视剧中明确城市的名称,那么作为承载着整个故事发展的背景城市,其城市形象在客观上会随着电视剧播出的影响而得到广泛传播。观众在收看时会把电视剧中的人物、故事与真实的地点结合起来,想象这里曾经发生过什么,有过怎样的悲欢离合,使得城市形象有血有肉,进而打造出拥有自己特色文化的城市形象品牌。

最后,电视剧主题曲及台词对城市名称的再强调。电视剧往往以主题曲、插曲、台词以及字幕等多种方式强调故事的发生地。这在一定程度上不仅推动了故事情节的发展,也加大了城市形象传播的力度,达到传播的有效性。

首先,方言是进行城市形象传播时不可忽略的元素。每个城市都有属于当地的方言，一方水土养育一方人，方言也是一座城市独特文化的重要组成部分，通过电视剧演绎故事的方式，将城市的方言文化传播出去，如果这部电视剧成为全国大热的电视剧，那么观众不仅能看到城市的外在风光，也能感受和体会到城市的内涵，会使这座城市的文化更加引人注目。

其次，城市包容性也成为城市形象传播的主要内容。像上海、北京这样的大都市，其现代化建设和基础设施的配备，没有必要再在电视剧上进行大肆渲染和宣传，而更应关注城市本身的人文精神和内涵。

最后，展现属于普通百姓的娱乐文化生活也是进行城市形象传播的重要手段。每一座城市都是一个多元素集合体，不仅有外在的风光，人文内涵也是展现城市形象不可忽略的重要因素。

电视剧产业作为一种文化产业，包括电视剧的拍摄基地、电视剧生产以及电视剧文化产业服务链。城市应充分利用各种资本和本地文化资源，大力发展电视剧产业。城市可以从电视剧市场中获得利润。由拍摄活动引出的影视基地建设、影视文化旅游、影视文化产品等相关产业，可以吸引游客、塑造城市文化形象。

（2）电影

城市之间的竞争也上升为经济实力、文化实力、影响力等多方面的竞争。因此，利用电影这种既具有声画效果，又包含情节渲染的传播平台，便成为城市形象宣传的重要手段。面对繁荣的电影产业发展，城市形象的推广者并没有忽视这一巨大市场。越来越多的电影开始具备宣传城市形象的功能。这些电影在场景选择、情节铺陈等方面选择与某一城市的风景或者人文相结合，在拍摄电影的同时，宣传城市的独特形象。

我国城市宣传与电影的合作初始于影视城的建立，城市通过投资建设影视基地，吸引电影制片商来此取景，以协助拍摄的方式出现在电影字幕的鸣谢部分。城市与电影的合作程度越来越深，城市形象在电影中的表现形式也越来越多，各种新的合作形式层出不穷。

电影的片名最能直接反映影片与城市关系,如《爱在廊桥》《港囧》《阿佤山》等,它们的片名就直接点明了影片所发生的地点和背景。这样直白的呈现形式,能够提高该城市在电影拍摄和宣传中的出现率,不断刺激观众的听觉和视觉,让观众在接受影片的同时也接受了与影片相关的城市信息。

电影情节的推动需要依靠演员的台词和道具的使用,台词和道具的使用常可直接点明或显示影片拍摄地点。电影《高海拔之恋2》中的重要道具——女主角的货车上可以明显看到"云R"的车牌标志,代表云南迪庆藏族自治州,也就是香格里拉。旅馆内摆放着各种具有典型藏区风格的披肩、茶具、煮酥油茶的器皿等,也展现了香格里拉地区特殊的民俗文化。

风景展示是城市形象宣传中最常见的呈现形式。电影拥有的极佳视觉呈现效果能够更好地展现城市的外在景观形象。对于城市而言,电影独有的光影艺术和镜头语言能够让观众们沉浸于电影所营造的美景之中,从而对该城市形成良好的印象。风景植入这种呈现方式已经成为电影和城市的双赢之举。

鸣谢主要出现在正片结束后的字幕部分。城市参与影片的联合摄制或者协助影片拍摄候,协助单位就会出现在"鸣谢"之中。鸣谢内容除了对城市政府表示致谢之外,还会出现对风景区、房地产公司,甚至酒吧的鸣谢,这些都是城市形象中重要的组成部分。

一座城市的形象不仅包括外在景观,还包括内在的文化底蕴和风俗习惯。如何在电影中表现一座城市特有的文化、风俗,一直是让城市推广者感到为难的地方。语言是城市形象中的重要组成部分,处于不同区域的城市拥有不同的发音、逻辑和反映地方历史风俗的俗语和俚语。

(3)纪录片

一部《舌尖上的中国》让中国人对纪录片有了新的认识和热情,而近年来,随着城市宣传工作的需要,纪录片开始越来越多地用于传播城市品牌与形象。城市纪录片不仅开始在纪录片中占据一席之地，也在城市形象的传播中发挥巨大的作用。

作为城市形象传播的一种途径，则越来越受到重视，城市纪录片也开始在城市形象的传播中大放异彩。在城市形象的类别中，城市的视觉形象是城市形象最直观的展示，而通过媒介的影像文本表现出来的城市缩影，必须包含大量的符号才能够支撑一个城市的外在形态。纪录片作为一种影像传播的方式，可以用最真实的镜头语言向观众展示一个城市的历史和现在。

城市的街道、古建筑或者现代建筑、街头的公园、雕塑、交通等犹如城市的外衣，向人们展示着城市的外貌。城市风光作为城市环境中最有特色的部分，是一个城市的标签和名片，因此，也成为城市纪录片的主要记录对象。

纪录片可以最大限度真实地记录一个城市的发展进程和历史变迁。《西安2020》这部纪录片立足于改革开放以来西安的沧桑变化，回望了长安古城历史深厚的文明，展望了西安新城未来宏伟的图景。

文化是一个城市所拥有的独特记忆，从历史遗留下来的街区到现代化的生活社区，从传统技能到风俗习惯，物质和非物质的各种文化形态组成了一座城市的记忆，城市文化可以为城市增添一些多样化的符号要素，弥补视觉上的雷同所带来的审美疲劳，通过诉说该城市的历史与文化，表达其独特的民俗文化和精神意境。

民以食为天，食物自然成为记录城市的上佳素材。总导演陈晓卿介绍该片时说道《舌尖上的中国》一部分是舌尖上的感动，另外一个是正在变化中的中国，观众从中国人对美食的热爱里读到中国人对生活的热爱，从中国人对生活的热爱里看到中国社会经济的飞速进步和发展。

城市纪录片往往把镜头对准一个城市的宏大历史和名人名景，似乎这样才有记录的意义。但除去历史的光环和名人的荣耀，一座城市仍然具有打动人心的城市魂，那就是这座城市容易被忽略的当下，当下普通百姓的日常生活。

（4）城市宣传片

中国城市形象宣传片的表现形式主要有 MV 形式、"解说＋画面"形式、"音乐＋画面"形式,后两种是最为常见的形象宣传片的表现形式,是国内大多数城市摄制城市形象宣传片的主要表现形式。

2012 年 5 月 30 日,中国首部城市旅游微电影《我与南京有个约会》上映,开启了中国城市形象宣传片的"微电影时代"。与以往普通旅游推广宣传片不同,《我与南京有个约会》以一段在南京的跨国恋情为主线,将旅游景点和故事情节巧妙地结合起来。为影片增添了色形。

中国城市形象宣传片发展十几年来,由最初单纯地展示城市地标性建筑渐渐过渡到专注城市中的人,以此来体现城市的精神风貌。由"物"到"人",从高大壮观转向平凡亲切,是近年来城市形象宣传片差异化竞争的结果,也是未来发展的方向。

为城市设定主题,赋予城市人性,更能体现城市不仅是建筑之城,更是人们生活之城的内涵。比如西藏地区的宣传片,将西藏之旅上升为心灵的净化之旅,神圣而庄重。

纪实手法介入城市形象宣传片的拍摄,在此前较为少见。镜头讲究、画面唯美、剪辑成熟是以往城市形象宣传片的一贯风格,城市形象宣传片出现了纪实手法,以朴实、原生态反映城市的真实面貌。

传统城市形象宣传片以综合介绍城市的地理位置、生态环境、经济发展、人民生活等为主要叙述特点。以"我"的游历为主线,采用第一人称讲述城市景观故事的形象宣传片较为多见。

随着中国经济的发展、国家综合实力的提高,中国在国际经济市场中占据越来越重要的地位。同时,国内越来越多的经济活动正走出国门,走向世界。中国城市形象宣传片的宣传视野已经走向了国际。

2. 互联网的舆情传播

(1)政务微博

鉴于网络这个多媒体平台,信息的多样化传播使信息更具有说服效果。不少城市在其政务微博主页中都插入了城市形象宣传片,另外还以图片、文字形式传播城市形象。政务微博可以通过多元形式传播城市形象,从而使得相关信息在传播的过程中更为深入人心。

政务微博在进行城市形象传播时能做到及时互动,这极大地消除了群体心理的负面效应,发挥了城市形象传播的正面效应,从而更好地传播城市多元形象。

政务微博无疑是网络世界的权威信源,它可以及时发布权威的没有经过其他媒介解读过的关于城市形象的"一手信息",并直接地将这些信息"推送"到受众面前。

政务微博在城市形象传播上的优势体现在它不仅降低了城市进行形象传播的成本,也降低了城市间联合进行城市形象传播的成本,城市间可以充分利用政务微博平台实现彼此间的合作,联合互动。这些都间接地增加了城市形象传播的效力。

微博本身缺少有效的信息把关人,微博平台中的信息显得尤其繁杂而难辨真假。这无疑增加了网友收集有效信息的难度。对此,政务微博较其他微博而言在收集有效信息方面的效率较高,能够有效地实现资源整合。立足于城市进行信息传递,所以信息发布更贴近民众生活,这也是政务微博较其他微博而言的核心竞争力所在。

微博世界里的信息鱼龙混杂,同时也不免存在一些为了满足自己出名的欲望而故意制造噱头、试图赢得他人关注的微博用户。这就要求政务微博在遇到突发事件时能够运用自己整合及收集信息的高效率,迅速对信息的真伪进行核实,并第一时间发声,做事件的权威定义者。做好舆论的引导者,才能赢得更多粉丝的信任,其发布的信息才会有更强大的传播力。

在信息庞杂的微博世界,要想让自己发布的信息不湮灭在浩瀚的信息海洋中,发布信息前做好策划是十分必要的。包括如何对微博信息进行议程设置,还包括怎样利用微博信息开展城市形象营销策略,甚至还具体到微博文本的构建和语气的选择。只有做好策划者,才能以网友喜闻乐见的方式发布信息,才能达到与粉丝共同构建城市形象的目的,才能利用微博营销使城市形象传播取得更好的效果。

政务微博必须要有合作意识。使合作双方共赢,只有强强联合才可能使城市形象传播取得突破性进展。这就要求政务微博自身要拥有专业的运作团队,政务微博只有提高了自身水平,在与城市政务微博群内的其他微博合作时才能使联动效应最大化,而且这也是与其他城市政务微博合作的前提。

(2)舆情

突发事件可以在第一时间被快速传播,这就为城市形象传播提供了新的途径。从某种程度上来说,突发事件是一种被动式的城市形象传播,但积极妥当的应对方式非但不会破坏城市形象,还会为城市形象加分。而且,突发事件往往牵涉公共性,具有较强的冲击力,所以更应该受到城市形象传播的重视。

在危机传播中的危机潜伏期,政府应该从以下几个方面努力:准备预案、建立和培养各种合作关系、收集各种相关建议、检验信息渠道是否畅通、进行新闻发布会的模拟和演练。

新闻发言人不仅仅是一个特定的人选或者职业,在危机面前,每一个官员甚至是普通公职人员都有可能充当对外展示城市形象的新闻发言人。所以政府部门一方面要培养优秀的专职新闻发言人,另一方面也要加强对所有公职人员媒介素养的培养。

城市形象舆情监测是一项常态化的工作,需要政府配备专职人员或者与舆情监测机构合作,以一定的时间周期为间隔,对城市的某些方面进行媒体和网友观点的汇集与整理。在重大突发事件发生后,进行不定时和重点监测,从而为政府及其他组织的危机应对提供事实依据和建议参考。

　　一个城市良好形象的建立与维护，仅仅依靠政府的力量是不够的，更需要城市的企业与广大普通市民的积极参与。通过政府号召这类公众集体参与的方式，提高城市形象的知名度和美誉度。

　　（3）重大活动的传播

　　节事是一个组合概念，由"节"和"事"组成。节是指节庆活动，比如一些传统的节日，如春节、重阳节等；事是指特殊事件，也称为"特殊活动"，比如奥运会、世博会等。

　　节事的内容广泛，可以是一个特殊的日子，为庆祝某个传统的节日；可以是为了某种重要事情而举行的年度庆典；可以是为某个著名人物或者历史事件举行的纪念活动；也可以是基于某个自然或者人文景观而开展的某种活动，或是一项举世狂欢的盛会、庆祝等活动。

　　节事活动是城市发展和环境景观建设的推动力。节事活动可以促进城市的硬件建设，加快城市的交通、通信、城建、绿化等基础设施建设的步伐，优化城市环境。以节事活动推动城市发展与环境景观建设的策略正成为当代城市发展规划之一，尤其是对城市公共空间的建设和人居环境的改善。如昆明世博会结束后，世博园就成为昆明市重要的城市景观。

　　节事活动举办过程中，当地政府、机关、团体和市民都希望将最好的形象展示出来，因而有利于提升整体的文明素质，推进城市的文明建设。比如在上海世博会的举办，上到市政府，下到普通的市民，都在进行相应的世博文化教育，争取让整个上海市以全新、热情、友好的面貌出现在世界面前，整个城市都积极投身到建设活动中来，对全体市民的文化素质都有很好的提升。

　　举办节事活动的城市，可以借助节事活动的影响力，提高城市品牌的认知度、美誉度和影响力等。为了承办大型节事活动，承办城市一般要做大量城市宣传和推广；活动举办期间，参与者要直接到主办城市进行活动现场的感受和体验。作为一些中小型节事活动，也可以在活动期间和活动现场通过各种各样的手段来推广城市形象。

为了举办节事活动,城市往往要进行相应的环境改善,包括改善城市硬件建设和城市软件建设等。这些城市建设,能够为城市创造新的就业机会,吸纳更多的就业人口,减轻城市的就业压力。这对于城市的稳定发展也有重要的意义。

在节事活动的开展过程中,不能仅把节事简单地当作一项活动来做,而应该把节事当作产业来发展。"依节造势、因节发展、以节兴市"是节事产业运作的成功经验总结。同时,通过改善城市的建设,可以优化城市的投资环境,从而推进城市的招商引资。

节事活动的影响力,还有蝴蝶效应。把这个理论用来描述节事活动的影响力,一方面是对节事活动事前事后影响力的认可,另一方面是对节事活动效果的前景期待。牵一发而动全身,科学合理地运营节事活动,可以扩展节事活动的影响,将节事活动纳入城市的可持续发展进程当中,从而提高城市的形象。

城市形象,一般而言是指城市带给人的印象和感受。一口地道的方言、一份美味的小吃、一套精美的服饰,都可能形成人们对城市形象的长久印记。而社会公益活动又将城市的公益性特征引入了城市形象的讨论。

社会公益活动,是指一定的组织或个人向社会捐赠财物、时间、精力和知识等活动,公益活动原本是一些经济效益比较好的企业用来扩大影响、提高美誉度的重要手段。但是从2010年开始,公益活动逐渐走出企业,开始贴近群众、贴近生活,从人们生活中的细节处着手,以政府相关部门为依托,创办了一系列便民、利民的特色公益活动。这些公益性活动,虽然类别各异,但本质核心却是一致的,对于一个城市的发展,公益活动不仅可以提高该城市的美誉度。从2011年开始,全国各城市社会公益活动的数量和质量的评比活动——"中国城市公益慈善指数"拉开了序幕,慈善指数最高的城市可以为该城市的整体形象加分。

现阶段我国实行的全方位强国战略,其中最重要的就是"文化强国"。文化是综合国力的重要标志和重要组成部分,也是增强综合国力的重要力量。近年来,各种形式的公益活动逐渐走进普通人的生活,衍生出了生命力顽强的公益文化。相对于经营性文化而言,公益文化具有非营利性和大众性,旨在为全社会提供非竞争性、非排他性的公共文化产品和服务的文化形式。公益文化在城市中的有效传播,有利于社会公共文化事业的发展,有利于尊重和保障人民的文化权益,更有利于提高城市的文化生产力,成为衡量城市文明程度的重要标志。

对于城市的形象建设来说,公益文化的传播使命还在于使市民确立起具有高度社会责任感的文化理念和意识修养,维护良好城市形象的坚强后盾。

对于社会公益活动来说,公信力则是一个公益组织或个人具有的号召力和社会影响力。社会公益活动属于公共事业,因此公益组织有责任接受公众的监督、质疑,并且维护自身的公信力,保证公益活动的公开性。一个城市公益组织的公信力,将会直接影响到该地区的政府形象,而政府形象又是城市形象的重要因素。这就使得公益组织的公信力与城市的形象建设有了直接的联系。

因此,对于城市形象而言,社会公益组织的公信力是很重要的,它直接影响到媒体对该城市的宣传以及市民对政府的认可度。很多公益组织都是依靠政府支持运转的,这样的方式不仅有利于公益慈善活动帮助更多需要帮助的人,还有利于公益组织自身的可持续发展。

2011年官办公益慈善组织的公信力受到了空前的信任危机,一些民间公益人士依靠网络工具,激发普通公民的公益热情,展现出积少成多的巨大力量,因此也被称作"微公益"。2011年迎来了民间公益事业的崛起,也因此2011年被认为是中国民间公益的"微公益元年"。微公益的诞生标志着普通公民慈善责任意识和慈善权利意识的觉醒。

建立公益活动的公信力,维护良好的城市公益形象,可以提高公益组织的可信度,而当公益组织的可信度越高,对活动宣传和传播的效果就越好,也因此,对城市的形象建设有良性影响。

但是除了城市公信力的建立,也要注意城市的自身建设,公益影响力只是城市形象的短期效果,要想长久,就要全社会共同努力。

"名人效应"是在社会群体中处于意见领袖地位的人,由他们传播的信息会比普通人传播的效果好,而且更符合受众的心理需求。公益活动利用明星的知名度以及其与活动价值的契合度取得良好的传播效果。

微公益以其自身力量的微小而著称,但它能够集合每个个体的力量,从而凝聚成巨大的、具有一定社会价值的力量。是任何一个普通人都可以参加的慈善公益形式。与传播效果中的"蝴蝶效应"有着异曲同工之妙。

对于城市的形象传播来说,微公益带来的"蝴蝶效应"使这种社会正能量传送到每一个公众,使公益不再仅仅属于个别的少数人群,也使一个良好的城市形象建设在无形的微能量中得到发展。

(三)中国城市形象片的传播分析

1. 中国城市形象片的诉求

在城市形象片的诉求策略中将会面临两个问题,即"说什么"和"怎么说"。综观中国城市形象片的总体状况,可以说大多数的作品都集中于旅游形象的表述上,对于形象片的定义狭隘在"旅游"或者"招商引资"的概念中。在大量城市形象片中,历史元素、民族文化元素比比皆是,城市个性符号的识别性较弱,风筝、烟火、和平鸽等元素几乎每篇都有,一些具有中国民族典型象征意义的元素:舞龙舞狮、太极、茶道更是不胜枚举。

对中国许多城市形象片的诉求进行整理分析,发现一些特点,中国现阶段城市形象片的诉求重点基本集中在人文历史、城市精神、自然风貌、城市发展以及招商引资五个方面,当然每个形象片的诉求点并非单一表现,很多广告中同时存在几个诉求点,且表现不分伯仲。显而易见的是,现今的城市形象片大多以诉求旅游为主,招商引资也是诉求的另一大热点。另一类表现"城市精神"的诉求点则大多为了配合政府的某些公益宣传主题或大型活动,这类作品往往更易趋同。

严格来说,城市形象片的诉求方式主要是运用感性理性混合的居多,感性诉求是第一印象,但如果仔细分析其表现手法,却发现理性诉求占有主导。城市形象片大多采用感性和理性混合诉求的方式,主要原因是目前我国城市品牌正处于传播初期,大多受众对于城市品牌还没有认知。

大多数城市都意识到"形象传播"的重要性,但在总体上缺乏战略规划、理论上缺少指导工具。在拍摄时都采取感性的诉求方式,但对于感性的诉求表现都只停留在理性的层面。一个成功的城市形象片应该具备感性和理性的元素,但其留给受众的最终记忆却应是纯粹的一种诉求方式。著名广告导演高小龙说:"好的"宣传片应该是自然、亲切、美感。走感性路线的城市形象片,最高境界莫过于此。

从使用频率上来说,感性诉求中更多使用文化诉求,而名人代言的方式相对比较少,尤其是一些大型城市,一般不会轻易选择某一具体名人代言城市形象。理性诉求中更多使用展示和介绍的方式,画面展示与文案介绍相结合,把城市的主要风貌完整展现出来。

2. 中国城市形象片受众策略

受众直接决定着形象片的传播效果。城市形象片的受众可以根据分类标准的不同分为各种类型,比如将受众分为内部受众和外部受众,则内部受众就是本地居住的市民,外部受众是旅客、商人等外地人口。

对于城市形象片的观看群体来说,城市形象片整体用客观镜头的视角表达,受众作为旁观者,被动接受影片传达的视觉内容,缺少互动与交流,事实上,针对不同的受众应采取不同的宣传策略来加强品牌与其之间的互动,使城市品牌增添活力与认可度,主观视角叙述不失为一种好的方式。

现阶段主要的城市形象片对于受众的定位策略是大包大揽式的，很少有作品是专门为某一类受众而创作的。从实际传播效果来讲，真正用心拍摄的作品，应该是具有一个比较稳定而小范围的受众群，"找对人说对话"这样才能拍出有现实意义的形象片。随着城市品牌传播的不断深入，我们需要越来越多的"定制化"的形象片。

3.中国城市形象片媒介策略

中国现阶段的城市形象片很少在国外媒体上投放。我们拍摄的形象片即便是具有明显的吸引海外游客的定位，也仅限于在中国地区的外国人，或者是某些专业的渠道投放宣传。这点与国外城市形象广告投放相比，的确落后了不少。

就中国地区投放的情况来看，媒介策略明显缺乏阶段性目标和持续性的规划，许多城市形象广告是企图用一个广告片达到多个广告目标：既想带动旅游或其他产业，又想吸引投资，还想塑造出城市品牌形象。

从媒体选择上，以中央电视台、省级卫视居多，而地方台的投放较少，且以活动宣传类为主。央视是投放最为集中的地方，因为它的覆盖率高、影响范围广、传播迅速能够帮助达成目前中国城市形象传播最主要的两个目的：对内树立形象吸引旅游、对外招商引资。

二、城市文化品牌建设

（一）城市形象的内涵

在《大不列颠百科全书》中，"城市"（city）的概念能够被定义成："一个相对永久性的、高度组织起来的人口集中的地方，比城镇与村庄的规模大一些，也更加重要"。《中国大百科全书》又将"城市"概括成："依一定的生产方式和生活方式把一定地域组织起来的居民点，是该地域或更大腹地的经济、政治和文化生活的中心"。"城"和"市"起初是两个互不相同的概念，"城"具有防御功能的含义，"市"则指进行贸易交换的场所。

随着社会的快速发展与进步，城市涵盖的多方面的内容和功能也得到进一步扩充，发展到现在，城市已经逐渐形成了一个内容十分庞杂、构成极为繁复、十分难以概括的抽象概念，它代表了在一定时期内的社会生产力发展水平，是人类集中对自然改造的真实反映。如图4-14至图4-16所示的城市体现出的典型特征在于：区别于农村的经济形式，以非农业活动作为其主体；具有政治、经济、文化等多个方面的中心职能地位；由大量的人口所组成的人类聚集地区，满足了居民特定的生活需要；有着农村地区所不能比拟的物质条件与就业环境。不同的学者对于城市的理解存在着极为明显的差异：社会学者认为，城市实际上就是社会化的产物；经济学家则把城市看作人口和经济活动在空间层面上的集中，而建筑师则将城市和多种建筑的形式以及空间组合联系到一起。

"形象"一词在《辞海》中被定义成：事物的"形状相貌"，在文学艺术作品中常常是指"文学艺术区别于科学的一种反映现实的特殊手段"。英文中的"形象"（Image），代表的是"一个人或者具体事物的实体形象"。所以，"形象"也具有双重含义：一方面主要指的是某一事物的实体形式；另一方面是在艺术作品中，它也是表达现实的重要手段。

图4-14　大阪的现代城市风貌

图 4-15 爱丁堡的古典城市形象

图 4-16 爱丁堡现代城市的形象

　　城市形象的研究恰好是以城市为参照，从人类感知与形态的表象角度对城市做出研究的一种学科。作为其他学科的重要补充形式，城市形象也是从人类感知的直接经验出发，以艺术与美学的视角建构起与城市形态有关的理论研究体系。它同时还是从具体的、可感知的物质形态研究方面出发，探寻出建立起城市特定视觉秩序的有关原则。除此以外，如果是作为一种艺术品来看待城市形象，其同时还具有比较典型的造型艺术特征，它主要是利用不同的艺术形式来表达城市的外在表象，是传达城市有关文化内涵的重要艺术载体（图 4-17）。

图 4-17　大面积玻璃和钢结构运用代表了现代化的城市形象

　　城市形象作为现代研究城市的重要组成部分,也是解决城市各种难题的重要切入点。能够把城市的形象定义成城市中小物的表象特征与外部的形态特征,其包括城市所有复杂多变的表象特点,以及透过这些表象特征所能够感受到的特定精神内涵。它所涵盖的内容十分广泛,不仅包含了具体实在的物质文化内容,同时也是城市精神文化的反映。

　　总之,通过对城市形象的研究课题做出进一步的探讨,力求在当前极为快速发展的城市建设过程中,建立起一种相对和谐有序的城市发展环境,使民族文化在当代得以延续,地域特色得以凸显(图 4-18 和图 4-19)。

图 4-18　独特的美国布法罗市政厅大楼

图 4-19　风格独特的泰国大皇宫

（二）城市形象的构成

城市形象涵盖了十分丰富的内容。其中包括能够被人们所感知的物质形态元素及其所蕴含的内在文化意蕴。作为城市基本构成因素的人类活动，是城市文化的重要体现，也决定着城市的环境及形态，应将其列入城市空间的组成部分，在城市研究中给予足够的重视。

1. 城市建筑

城市建筑是城市形象的一个重要部分，建筑样式及其特征也是能够充分反映出城市面貌的重要载体。城市建筑的好坏对城市的现代化文明程度高低起决定性作用。这不但要求现代城市建设过程中需要大规模的现代化建筑样式，充分体现出极高的科技发展水平，更加重要的是应充分表现为一种对传统文脉加以继承与发扬的精神，如盖里的建筑设计形式很好地继承了传统（图 4-20）。怎样建立一个历史和现代化相互协调发展的、多样而有序的现代城市建筑组合，已经发展成一种衡量现代城市是否成功的重要标准。而且，城市建筑内部空间组织怎样体现出传统建筑的精华所在，也是充分反映城市文化发展的关键因素。

图 4-20　盖里的特色建筑设计

2. 城市边界

　　城市边界主要是指分隔不同城市或城市和乡村的主要界线（图 4-21）。有时，城市的边界也是模糊不定的，它往往会随城市的扩张而发生相应的变化。但是，现代城市的发展则更趋向于要求人们建立一座带有明确城市边界特征的城市，以便于区分不同的地域风貌，并且充分利用这一明确的边界，限制城市的发展规模与盲目扩张。城市边界通常都是由道路构成，怎样建立起人们观察城市的视觉通道，同时展现出良好的城市发展天际线，是现代城市建设整体形象的一个十分重要的因素。

图 4-21　古城都有属于自己的边界线

3. 节点

作为现代城市发展的战略性焦点,应该具有十分明显的形象特色,它能够起到吸引人流及凸显城市面貌的重要作用。多个节点的大小、形状及其位置的设置,在城市空间中应该做到统筹兼顾,建立一个在开放型和封闭型的节点之间相互配合、彼此呼应的空间格局。节点能够成为建筑物的组合,也可以是一个开放的广场空间,它对人群的集聚效用以及内部功能的完善起到极大的作用,是一座城市节点得以成功的关键(图 4-22)。

图 4-22　城市中人流较大的节点

4. 标志物

通常是由艺术作品构成,它的形象、大小和色彩变化在城市中起到重要的引导和指示作用(图 4-23)。标志物的形象特征不仅代表着居民的某种审美取向,它往往还是一个时代的写照,反映了特定民族的内在文化气质。

图 4-23　华盛顿箭塔碑及周边景物是主要标志

（三）理论构建

1. CI 企业形象理论与城市 CI

CI 是英文"Corporate Identity"的缩写，译为"企业形象"或"企业形象战略"。CIS 是英文"Corporate Identity System"，直译为"企业形象识别系统"。CIS 包括理念识别系统 MI（Mind Identity），行为识别系统 BI（Behavior Identity），视觉识别系统 VI（Visual Identity）。其中理念识别系统是企业形象的灵魂，是 CI 战略的核心，属于企业精神意识层面的最高决策系统，也是企业形象战略运行的原动力和精神基础，具体包括经营企业信条、价值观、企业使命、企业精神、方针策略等；行为识别系统，是企业形象战略的骨骼和肌肉，企业的理念通过经营者和员工的行为与活动表达出来，行为识别系统要与企业理念识别系统保持严密的一致性；视觉识别系统是企业的脸面，是企业理念和企业行为的物化视觉表现。主要通过标志、色彩、标准字、象征图案等一系列视觉符号，将企业的各种信息传达给受众。企业形象战略一方面通过塑造企业统一的良好形象，使人们对企业及产品产生认同感和信赖感，从而达到宣传企业、扩大销售的目的；另一方面，企业形象战略通过创立高品质的企业文化，取得社会的认同和公众信任，从而达到企业有计划地展现形象的目的。

随着城市化进程的加速，城市间竞争的日益激烈，企业形象 CIS 的系统理论逐渐被引用到城市形象建设中，即"City Identity"。城市形象 CIS 作为一种系统科学的理论，其独特的识别性强化了城市的个性和视觉传达，而完备的系统性则体现了各个子系统在识别上的同一性。城市品牌形象建设不仅有利于城市优势资源的整合，促进城市机能的高效运转，而且有利于规范市民行为，加强社会公德教育，建立良好的社会风尚。还有利于实现人与环境、人与社会、物质文明与精神文明的和谐、可持续发展。同时，通过提炼、升华的城市精神，对于创造品牌城市，塑造城市形象,增强城市凝聚力和竞争力,发挥核心动力的作用。

总之,在当今城市发展中引入品牌形象战略是城市发展的必然,充分地体现了社会价值观从物质向精神的转变,人们开始倾向于追求附加在物质中的文化内涵和精神信仰,从而推动整个社会物质文明向着更高的目标迈进。城市 CIS 是新时期城市经营与营销的重要策略。

2. 品牌学理论

品牌的英文"Brand",源出古挪威文 Brandr,意思是"烧灼",烙下标记的意思。品牌学是研究品牌及其品牌问题的知识体系或理论体系,品牌学理论对城市品牌的建设具有重要的指导意义。品牌学研究可分为三个层次:一是品牌观点(Brand View-point)或称品牌思想,即对个别品牌问题的理性认识;二是品牌学说(Brand Theory)或称品牌理论,即对有关品牌间形成系统的理性认识;三是品牌科学(Brand Science),即研究整个品牌领域活动规律的知识体系或理论体系。品牌观点是对品牌的基本认识;品牌学可以说是品牌观点的进一步发展,是较为系统、全面的品牌理论;品牌科学是品牌理论的系统化过程。这三个层次是一种递进的关系,也是学科由低级向高级发展的必然过程。对于城市品牌来说,也具有同等的意义,人们对城市品牌的认识也是从最初的想法、观点到理论的探讨,通过城市品牌建设的实践活动及推动城市品牌学科的不断发展,逐渐形成较为完备的体系。对品牌学基本理论的研究,对于指导城市品牌形象建设的理论与实践、完善学科体系都具有积极的参考价值。

3. 城市规划与设计理论

《城市规划基本术语标准》把城市规划定义为"对一定时期内城市的经济和社会发展、土地利用、空间布局以及各项建设的综合部署、具体安排和实施管理"。

城市设计又称都市设计(Urban Design),指以城市作为研究对象的设计工作,介于城市规划、景观设计与建筑设计之间的一种设计,重点关注城市规划设计中的空间设计、城市面貌,尤其是城市公共空间设计。城市规划和城市设计可以说是内容交叉、骨肉相连、密不可分的。总的来说,城市规划具有抽象的宏观概念,而城市设计则为具象的微观特点。

城市规划与设计理论是随着城市的发展而逐渐形成的,是城市建设实践活动的理论总结。虽说"城市形象""城市品牌"理论是在近现代才提出的,但其理念、思想其实早就隐含于城市规划设计理论之中。

(四)系统构成

1. 城市品牌系统结构

城市品牌系统是指以品牌学和营销学为切入点的研究系统。品牌原是市场营销学的重要概念,城市品牌的形成是营销学、企业形象理论、经济学、社会学、地理学等相关学科交叉和综合的结果。虽说近年来学界从不同的领域与角度探究城市建设非常踊跃,但是从系统理论角度探析城市品牌系统结构并不多见。城市品牌建设是一项社会化的系统工程,关于城市品牌系统的结构划分有以下观点。

首先,从二维角度划分的城市品牌系统。以品牌学为出发点划分的城市品牌系统结构,具有主客体的二维系统的特征。

其次,从三维角度划分的城市品牌系统。三维城市品牌系统的划分,源于城市本身的三大部分:其一,城市体的物质性本源;其二,城市居民的内心世界;其三,公众对城市品牌的识别。三维系统结构其实是以品牌的物质本源、品牌的精神、品牌的感知这三方面为依据来组织系统结构。

2. 城市形象系统结构

对于城市形象系统的建构,学界存在许多不同的观点,但是系统的结构都基本相同,主要源于企业形象和城市规划两个领域。

首先,以企业形象为研究出发点的城市形象系统结构。是以企业形象系统的基本结构为依据,其主要内容包含城市理念形象系统、城市行为形象系统、城市视觉形象系统三大方面。

其次,以城市规划设计为研究出发点的城市形象系统结构。在以城市规划设计为研究出发点的城市形象系统中,城市形态和城市景观是一项不可缺少的组成要素,它不仅是城市形象内部和外部形态的有形表现,同时还承载着深层次的文化内涵,是城市物质因素与精神因素的总和。

3. 城市品牌形象系统的五维结构

美国学者狄克·拉波波特把城市定义为"社会、文化和领域性的变量",城市品牌形象系统恰恰体现了这种社会、文化和领域性变量的城市特质。

城市精神识别是指城市的发展哲学与城市理念的可识别性。城市行为识别是指在城市精神制约下的个体与群体的行为的可识别性。城市行为体现了城市精神与内涵的动态识别特征。城市行为识别系统包括政府行为识别、企业行为识别、个体行为识别和城市动态行为识别等因素。城市行为具有三维的动态识别特征,涉及市民行为规范(观念、行为、风俗习惯、道德风尚、交往方式等)、制度规范(政府、组织的管理行为、管理手段、服务方式、目标效果)等要素的识别与传播。城市视觉识别是指对城市整体印象的视觉可识别性。城市视觉识别是城市内涵外在的表现形式,也是城市识别及内外沟通的媒介。城市空间环境识别是指以城市建筑和景观等物质形态的视觉可识别性。城市的空间环境既是城市内涵的物质形态,也是城市形象的直接载体。城市空间环境识别系统由典型的城市风貌、典型的城市规划、典型的城市空间、典型的城市节点等要素组成,体现出城市的三维识别特征。

（五）城市形象品牌的属性

1. 城市品牌形象的文化属性

英国著名人类学家 E. B. 泰罗对文化的定义为:"从广义的人种学含义上讲,文化或文明是一个复杂的整体,它包括知识、信仰、艺术、法律、伦理、习俗,以及作为社会一员的人应有的其他能力和习惯。"城市是人类社会文化的真实写照,反映着它所处的时代、社会、经济、生活方式、科学技术、哲学观点、人际关系及宗教信仰等。城市是文化的物质表现,文化是城市的灵魂,与其说世界上的城市千差万别,倒不如说是城市文化的差异所致。

2. 城市的人文形象

城市是客观存在的,而城市形象却能被感知。在城市形象被感知的过程中,每一个人都存在着某种心理"定势",对城市客观存在的形象进行重新认知与定位,被感知的结果注入了主观的印象。随着社会发展,历史文脉的延续,物质文明与精神文明的积淀,城市发展的过程中逐渐形成了具有不同地域特色的人文形象。城市的人文形象是以非物质的形态表现出来的,具有强烈的人文意味,以及城市情感、城市情境、城市情节等人文属性。

3. 城市品牌形象的经济属性

城市经济是城市生存的物质基础,城市经济环境是城市生产功能的集中体现,反映了城市经济发展的条件和潜在优势。

（六）城市形象品牌的可识别性

1. 城市形象品牌可识别性原理

品牌形象的识别有其科学的原理,涉及生理学、心理学等诸多学科。城市品牌形象塑造的目的就是识别,并通过识别进行品牌形象的传播。

（1）视觉记忆

视觉记忆是指大脑储存视觉信息的能力。视觉记忆具有视觉生理和视觉心理双重特性。

视觉记忆现象是互动的视觉效应。互动的视觉效应是指主观与客观的互动，是指客观现实与主观意识的互动，也就是视觉与记忆的互动。著名的视觉心理学家格列高里曾说："对物体的视觉包含了许多信息来源。这些信息来源超出了我们注视一个物体时眼睛所接收的信息。""知觉不是简单地被刺激模式决定的，而是对有效的资料能动地寻找最好的解释。"换句话说，就是人看到某种直觉性质的物体时，或者在一种强烈的个人需要促使下希望看到某些直觉性质的物体时，其记忆痕迹便会对视觉产生强烈的影响。简单地说就是当我们的视觉接触过一个形象符号，再次看到后第一反应是：我见过它。这是视觉记忆"唤醒"了大脑皮层对这个符号的认识。如果这个符号具有显著的个性特征或者被反复的视觉刺激过，那么其记忆性就更强。

视觉记忆是视觉沟通的结果。品牌形象的识别是通过"同一符号"或"同一印象"与受众进行沟通的，并在品牌推广中产生积极的作用和有效的影响力。视觉沟通泛指"用符号说话"，既是把品牌形象作为沟通的媒介，同时，又利用品牌形象的视觉冲击力和产生的记忆打造品牌形象。依据符号学原理，品牌形象是以视觉标识和代码的形式存在的，视觉符号既是品牌形象的载体，也是品牌形象的外延形式。品牌形象的传播过程其实是视觉符号的编码过程，品牌形象的视觉编码要依据信息传播原理，围绕品牌的历史、文化、个性特色，展现完美独特的视觉形象。在品牌形象的视觉沟通过程中，独特的视觉形象或者反复的视觉刺激都会产生强烈的视觉记忆。

（2）心理认知

广义上的心理认知是指人的认识过程，人的心理认知经历了信息的接收、编码、贮存、交换、操作、检索、提取和使用的过程，心理认知强调了人已有的知识和知识结构对当前的认知活动起决定作用。人类是作为信息传播的主体或客体,对客观事物的认识过程,就是心理认知的过程。心理认知是人对客观事物的能动反应。

人们在生活中的经验积累作为一种心理沉淀,会在不自觉中参与心理认知过程,并可以影响人的直观感觉。心理学研究还表明,人的视觉对于信息的接收是有"选择性"的,只有那些契合接受者潜意识需求的信息才能被注意,才能产生与心理共鸣,更具有识别性。如人们提及古城就会立刻联想到西安;提及西湖就会联想到杭州,等等,既是对城市品牌形象的心理联想,也是人们对城市品牌形象的心理认知。

2. 城市形象品牌可识别性要素

著名的城市规划学者吉伯德曾说过:"城市中一切看到的东西,都是要素。"的确,无论是城市的物质形态,还是城市的非物质形态,一切可以看到的东西,都是城市的视觉元素,也都具有可识别的特征,所以也都是城市品牌形象的识别要素。

城市品牌形象建设就是通过对城市标志性建筑、标志性景观、标志性的街区、标志性公共空间的规划与建设,强化城市品牌形象的视觉识别特性,并通过典型形象使人们留下深刻印象并产生记忆。

著名的符号学专家罗兰·巴特认为:"城市是一个论述,我们仅仅借由住在城市里,在其中漫步、观览。就是在谈论自己的城市,谈论我们处身的城市。据此,城市本身是有意义而可读的正文,而且城市正文的写作者,正是生活其中的人。"由此可见,我们生活在城市的空间环境之中,对城市空间环境的把握基于我们自身的需求和感受。

城市精神可唤起市民主体意识的觉醒,以共同的城市发展信念与价值取向为核心,凝聚力量推动城市的发展。例如,湖南长沙人"心忧天下,敢为人先"的城市精神,饱含了湖南人在中国近代史上解放思想、敢闯敢试、开拓进取的革命精神,同样也是当代长沙人的精神写照,在湖南第一师范可以充分体现出来,具有显著的城市精神的个性特色和识别特征(图 4-24)。

图 4-24　湖南第一师范

中国有句古语,"路不拾遗、夜不闭户",这句话可以用来描述一个城市的行为风尚,是对这个城市行为文化模式的肯定。在城市品牌形象建设中,我们经常听到一句话"个个都是城市形象、人人都是投资环境",强调的就是个体行为与城市形象的关系。人们对一个城市的评判,往往可能因为一件微不足道的小事,影响到对整个城市的印象,无论是政府行为、企业行为还是的个人行为都直接关系到城市形象的好与坏。

第五章　符号空间的信息设计

在信息高度发达的现代社会,公众的行为内容和方式已经被"符号化"或者说被"品牌化"。因此,公共空间信息传达的视觉形象表现,不仅是一个学术或者商业的概念,如今已作为一种消费印象和欣赏偏好,涉及领域非常广泛。

第一节　符号学与信息设计

一、符号与设计符号

(一)符号学的产生

现代符号学(Semiotics)作为当代人文科学最前沿的学术理论之一,大大拓展了当代人文学科领域的视野。按《大不列颠百科全书》的定义,是指研究符号和符号使用行为的学科。它研究事物符号的本质、意义、发展变化规律,以及符号与人类活动之间的各种关系。它本身的历史可以追溯到古希腊医学领域的疾病症状诊断的范畴。

古代中国虽然没有关于"符号"的明确界定,但是古代汉字"符"确实含有"符号"的意思。所谓"符瑞",就是指吉祥的征兆;"符节"和"符契"都是作为信物的符号;"符箓"为道教的神秘符号。先秦时期公孙龙《指物论》,可以说是中国最早的符号学专论。在古籍《尚书》中,注释者说:"言者意之声,书者言之记"。不仅说明了语言是一种符号,而且指出文字是记录语言符号的书写符号。

（二）设计创新方法研究：设计艺术与科学之间

由于设计符号学更多地与设计艺术学发生联系，传统上多采用艺术创作的方法进行人造物的设计，因此具有艺术的感性；同时，设计符号学与其他设计门类一样，也应具有"设计科学"的共性特征。核心在于设计师探索面临复杂任务时的设计技能，研究重心在于设计技能的科学探索、设计过程的科学解释和设计任务的恰当描述。具体而言，就是"面对复杂的环境和复杂的任务，我们应该创造出什么样的符号学方法，以及如何应用它们去进行更好的设计"。[①] 设计符号学要求在科学技术和艺术关系的框架内，探讨设计创新的方法，兼具"工具理性"（即重视逻辑和理性的思维方式）和"方法感性"。这也是本书进行设计方法研究的主要层面和重点，以设计科学引导，以设计艺术实践促进，互为支撑。

同时，符号学的设计创新泛指对基于符号学的设计的创造性、新颖性的变革，或者通过符号学的理论和实践研究获得新的设计。它的研究应该包括以下几个方面：一是符号学设计本身的状态，即"是什么"的实践问题；二是符号学设计过程的原理和运行规律的知识，即"为什么这样"的原理问题；三是如何实现，包括利用符号学方法解决问题的能力、技巧、方法、策略和路径，即"怎么做"的方法问题。而目前设计在现代化的发展进程中，一方面要面对科技、经济、市场全球化的趋同，另一方面要直面要求凸显多元化、地域化、本土化的高涨呼声。要想在这两者的动态平衡中，摆脱"拿来"、模仿、亦步亦趋或标签式的盲目"自我"阶段，融合现代符号及相关理论，旨在具体实践的设计创新的方法研究就显得极为重要。

二、现代符号学先驱

现代符号学理论的两大先驱是索绪尔和皮尔士，他们分别提

---

① 杨砾，徐立．人类理性与设计科学——人类设计技能探索[M]．沈阳：辽宁人民出版社，1987．

出了二元论和三元论，为现代符号学的发展奠定了基础。

　　瑞士语言学家费尔迪南·德·索绪尔（Ferdiand De Sausure，1857—1913）（图5-1）于1894年提出符号学（Semiology）概念，期望建立一种科学，使语言在其中能得到科学的阐释。他指出语言是一种表达观念的符号系统，并设想有一门科学是研究社会生活中符号生命的，这就是符号学，而语言学不过是这门科学的一部分。

图5-1　费尔迪南·德·索绪尔

　　罗兰·巴特（Roland Barthes）系统地整理了索绪尔的语言符号学理论，并严格的区分了语言和言语。

　　美国实用主义哲学先驱者之一、哲学家和逻辑学家查尔斯·桑德·皮尔士（Charles Sanders Peirce，1839—1914）（图5-2）从1867年开始研究符号学，提出了符号三元论。

图5-2　查尔斯·桑德·皮尔士

在皮尔士和杜威的理论基础上,皮尔士的门徒 C. 莫里斯(Morris)进一步提出了行为符号学,他从三种功能意义上对符号行为作了规定,即标识、评价和指令作用。他在 1938 年出版的《符号理论基础》中把符号学分为语构学(Syntactic)、语意学(Semantic)、语用学(Syntactic)三个部分。语构学研究符号在整个符号系统中的相互关系;语意学研究符号所表达的意义,即符号与意义之关系;语用学则研究符号使用者对符号的理解和运用。莫里斯的理论即是皮尔士理论的延伸,更加深了符号理论的广度及深度,由此逐渐促成符号学向独立学科的发展。

三、视觉符号系统应用

(一)图像性符号

图像性符号是通过"形象肖似"的模仿或图似现实存在的事实,借用原已具有意义的事物来表达它的意义。这种符号通常以图像形式出现,直观明了,"易读性"高,与要表达的意义关系密切,一般直接借用自然存在来表达意义。

图像性符号又细分为表现性图像符号、类比性图像符号和几何性图像符号三种。

1. 表现性图像符号

这种符号通常是以自然界的事物为题材,通过排列组合,人为地赋予它们一定意义。如图 5-3 所示为北京鸟巢设计,设计师以自然环境中的鸟巢结构为设计来源,最终成为城市形象中的一张名片。

图 5-3　鸟巢

2. 类比性图像符号

人们还经常直接取材于自然界的事物,利用其本身所具有类似特性类比其他事物。这种符号就叫作类比性符号。

众所周知马是跑得又快,外表又高大英俊的动物。人们常常借马来象征力量、速度和征服等,就是看中了马的这些自然特点。通常马的这些特点是人所共知的,但又不同于松、竹、梅那样是人们硬加上去的,所以这种类比性符号更容易大范围引起共鸣。

3. 几何性图像符号

这类符号基本是人为创造出来的几何图形,在一定文化范围内人为地赋予它一定意义,不同于自然事物的是它的简洁明了。各种商标、标志基本属于此类符号。

同一符号,在不同的时间、地域中却有着截然相反的指涉物,在中国或是亚洲的设计作品中出现的吉祥含义的"卐",是绝难被西方国家的民众所接受的,他们无法理解这个符号不同于他们习惯的象征。但不论它代表了何种意义,也不会改变它是意义的承载体,即典型的几何图像性符号这一本质。

(二)指示性符号

指示性符号是利用符号形式与所要表达的意义之间有"必然实质"的因果逻辑关系,基于由因到果的认识而构成指涉作用,达到传达意义的目的。如路标,就是道路的指示符号,而门则是建筑物出口的指示符号。

指示性符号又细分为机能性指示符号、意念性指示符号和制度化指示符号三种。

1. 机能性指示符号

机能性指示手法是基于机能因果关系表现其意义的,因此基本上所有机能性的构件都可以算作此种手法的表现。

2. 意念性指示符号

这类符号通常以某种形式的形象出现,用于表达人们的某种精神。

3. 制度化指示符号

传统艺术符号除了功能性与意念性指示手法外,还有另一独特现象,就是源于社会制度造成的指示性效果。例如在许多国家,政府部门的配车要遵循一定的规则,什么级别的机构或官员配备什么级别的公车,大致能够从公车的类别上看出使用者的级别高低,这就是汽车所表现出来的制度化指示符号。

(三)象征性符号

象征符号与所指涉的对象间无必然或是内在的联系,它是约定俗成的结果,它所指涉的对象以及有关意义的获得,是由长时间、多个人的感受所产生的联想集合,即社会习俗。比如红色代表着革命,桃子在中国人的眼中是长寿的象征,等等。

民族艺术符号赋予意义的象征性手法,可以分为惯用性象征手法与综合性象征手法。

1. 惯用性象征符号

传统艺术上的惯用性象征符号还可以再细分为三类:
第一类是纯粹的约定俗成的作用。
第二类是原始符号本身已经隐含着象征的意义,继续约定俗成的使用后,其原始意义逐渐弱化,替代的是其象征意义。
第三类是有意创设出"象征"的符号对其赋予某种意义。

2. 综合性象征符号

透过多种意义的联结,通过联想达成另一种新的象征意义,就是综合性象征符号。例如中国人结婚多摆上红枣、花生、桂圆和瓜子,各取一字为"枣生桂子"引申为"早生贵子",这类手法在中国传统文化中较多见。

(四)其他符号

1. 文字符号

文字系统也像语言系统,本身就是社会约定俗成的符号,人们对文字的应用就是对文字的指涉意义的应用。它可以表达许多在传统艺术符号本身的材料、构造、机能限制下无法表达的意义,弥补了将传统艺术符号做为意义传达工具时的先天不足。

2. 色彩符号

各种色彩在人类文化中也有不同的象征意义。与具体象征形态不同,色彩符号是较特殊的一类符号,只有颜色的区别没有形态的羁绊。在不同的社会文化背景下,色彩所象征的意义也会随之改变。如通常白色象征纯洁、真理、清白和圣人神灵等,而黑色则是邪恶势力的象征,蓝色象征无限、永恒、奉献、忠诚智慧等,这些都是色彩符号在社会约定俗成下所带来的象征意义。

第二节　中外优秀符号空间信息设计案例举要

一、中国优秀符号空间信息设计案例

(一)北京

1. 北京广场与广场群的形象艺术设计

广场是城市形象艺术设计元素之一。广场是城市空间中最具有活力、最具有吸引力和最精华的地方,是散发出浓郁的人文精神的场所。

城市广场艺术设计元素,应遵循选位适当、尺度适宜、功能适用、形式多样、个性鲜明、主题突出,使广场与其他环境组合融入

城市形象艺术设计之中。

城市广场艺术设计可以产生认同感、亲切感、凝聚力以及民族自豪感与自信心。

北京城市广场缺乏体系设计，虽有天安门广场作为首都北京城市中心广场，但与它产生呼应的系统缺乏组织，分散、无序现象突出。

北京城市广场艺术设计应当明确层次，形成系统。国家首都广场群系统建构与一般市民广场系统建构，应当有所划分，发挥各自功能和作用。

（1）北京城市广场的分类

从城市功能特点分类主要有：国家广场、城市广场、交通广场、休闲广场等。

从与城市环境关系分类主要有：从属广场和自主广场。

从城市空间组织系统和元素分类主要有：广场和广场群。

（2）北京城市广场与广场群概念的运用

国家首都城市广场形态：广场、广场群。作为国家象征符号，以主题广场为主，休闲广场为辅。

省会城市广场形态：广场、广场群。作为地区文化象征符号，以主题广场为主、休闲广场为辅。

一般城市广场形态：广场、广场群。作为城市文化标志场所，以主题广场、休闲功能为主。

社区广场形态：广场作为社区文化符号，以休闲、娱乐功能为主。

（3）北京城市广场空间象征体系

国家象征符号——广场、广场群；城市象征符号——广场、广场群；社区象征符号——广场。

我国许多大城市有众多广场，均缺乏广场空间系统设计，少见广场群空间体系。北京作为国家首都应当在广场空间体系上有更高的要求，但是首都北京广场群建设理念缺失。没有充分发挥广场群在城市空间组织中的作用，基本上是零散、无序的广场建设，主题模糊，内涵欠缺，形式设计平庸。虽然能够满足人们休闲的需求，但与首都北京城市性质定位、地位存在差距。

北京如果建设广场群，可以加强首都城市空间秩序和象征意义，使首都北京城市空间形象具有层次感、整体感、秩序感。这是目前北京城市空间应当进一步完善的重要空间系统和元素。

近20年来，北京虽然建了不少广场，但体现国家首都定位、地位水准的广场比较少。与一般城市广场建设要求并无差异。

2. 北京城市道路形象艺术设计分析

北京城市道路形象艺术设计，在道路功能使用方面取得了很大成就。道路建设不断，新建、改建、扩建，道路形式多样。但从艺术设计角度分析存在的问题有：形象无特色、全国差不多。环路艺术设计效果更差。道路功能设计目标明确，道路艺术设计目标滞后。缺乏前瞻性艺术设计理念。

建议通过后续调整，进行道路形象的造型元素艺术设计，使它们产生差别。长安街、二环道路与三环、四环、五环产生明显识别性、艺术化。

3. 北京城市设施形象的艺术设计

北京城市设施形象艺术设计是城市形象艺术设计的重要内容。城市设施直接服务于人，如公共汽车站、站牌、休息椅、饮水器、垃圾桶等微观的城市形象艺术设计元素，单体感知体量小，但在城市中使用量大，功能依赖性强。北京目前城市设施形象艺术设计更新快，质量差，艺术设计水平不均。

首都北京城市设施艺术设计方向和原则：要遵照整体化、艺术化、人性化、地域化和便利化原则进行设计。

4. 北京城市的户外广告形象艺术设计分析

户外广告是城市形象艺术设计元素之一，它具有"双刃"效应，既有"积极"效应，也有"消极"效应。因为，不当使用户外广告元素,会造成极大视觉"破坏力",使人"厌烦"！反之,合理地使用户外广告元素,使城市形象艺术更加丰富且更具有活力。

户外广告可分为:公益广告和商业广告。

城市户外广告应提倡使用公益广告,尊重受众者权利。商业广告设置位置和数量应当加以限定。由于户外广告形式的特殊性,它的设置会对城市整体艺术形式产生"破坏力"。

"破坏力"主要体现在户外广告与环境的关系中。户外广告多数为后设置,对名胜古迹景观、道路、建筑、雕塑等形象造成遮挡,破坏其形象完整性。所以户外广告必须在地段、位置、尺度、形式、色彩等户外广告要素中加以限定、规划。

北京城市的户外广告形象艺术设计发展目标主要有以下几点。

(1)第一个目标,户外广告艺术设计必须符合国家首都城市形象定位、地位的特殊要求。

(2)第二个目标,充分合理发挥城市形象艺术设计元素的户外广告积极作用,降低消极作用。

(3)第三个目标,加强户外广告艺术设计管理,建立"三区"管理概念。

建立北京城市形象的户外广告艺术设计管理的分区模式,即"三区"。

(1)一区为"禁用区"(禁止一切广告)。如历史文化名城核心区、政府办公区、军事区、风景名胜区、城市重点景观区等。

(2)二区为"公益广告区",适宜公益广告。如大中小学校周边地区等。

(3)三区为"非禁用区",商业广告宜放区。如娱乐、商业区等。

5. 北京城市建筑屋顶形象艺术设计分析

建筑是城市形象艺术设计元素,建筑屋顶是建筑的有机组成部分,由于它的特殊形式和作用,建筑屋顶对城市形象艺术设计整体产生一定的作用,是控制城市形象艺术设计风格、特色重要的元素,备受关注。

北京已经开始探索屋顶形象艺术设计方面的问题。提出"平改坡"和"平改阁"等概念,并已推出"平改坡"试点。

首都北京城市建筑屋顶形象艺术设计存在两个方面问题:一方面问题是过去遗留的缺失"屋顶"要素的"弥补式"改造;另一方面问题是新建建筑屋顶形象艺术设计定位。

改造的依据是什么? 改造的目标是什么? 如果没有明确概念,改造近于盲目。

同样,新建建筑屋顶形象定位仍然是需要明确的概念,不然无法引导。

从"屋顶"形象艺术设计元素的美学功能目标分析,可以得到这样的启示:城市形象艺术设计风格定位、特色区划势在必行。而确定首都北京城市形象艺术设计风格定位、特色区划,需要大量的人力、物力的投入。要研究出一套具有说服力,操作性较强的办法,实现首都北京城市形象艺术设计目标。

6. 北京城市公共艺术及雕塑形象艺术设计

首都北京城市公共艺术及雕塑形象艺术设计,应以体现国家首都定位和地位为目标,减少平庸作品,建立科学的作品筛选机制。

北京经过55年的发展,在不同的发展时期,均产生了一批优秀作品,对北京城市形象艺术设计产生了积极作用。同时,在发展过程中也存在不少问题。

通过对北京城市公共艺术及雕塑功能与作用的研究,针对北京城市形象的现状,最主要的问题有这样几个方面:第一方面是数量大、质量低。第二方面是建设理念与首都城市性质定位、地位存在差距。

问题一,体现国家首都城市性质定位、地位的城市公共艺术及雕塑艺术少。许多作品水平在其他一般城市也随处可见。

问题二,北京公共艺术及雕塑作品来源和选择层次混乱。

北京城市雕塑艺术形象的健康发展,必须解决四个方面问题。第一是作品来源;第二是作品选择模式;第三是作品概念定位;第四是管理方式。

关于作品的来源有以下建议:

(1)解决首都北京公共艺术及雕塑艺术作品来源。以全国美术展览、国家级、全国性公共艺术就城市雕塑展中的获奖作品作为来源基础;

(2)政府采购办法。采购世界级、国家级公认的具有极高审美价值的作品(原作和复制品);

(3)专项主题公共艺术及城市雕塑作品应设立严格的评审委员会专家库,从百名专家库里产生随机抽取十位匿名评审专家。建立公开、公平产生优秀作品的机制;

(4)作品定位。必须经过社会公开征集和专家评审产生;

(5)制定首都城市公共艺术及城市雕塑规划。依据规划条例进行实施。

7. 北京城市色彩形象艺术设计

城市色彩形象艺术设计是首都北京城市形象艺术、形象塑造和感知的重要元素。

城市形象艺术设计的色彩形成要考虑以下几方面的因素:历史因素、地理因素、文化因素和生理因素。由于四个主要因素相互作用,使得城市色彩显得多样纷杂。城市色彩形象艺术设计首先需要分析城市色彩的必然原因和偶然原因,分析原因形成条件,哪些因素具有什么作用、什么地位,什么价值,必须做出取舍。对城市艺术设计色彩价值缺失地区,应做出引导并进行城市色彩形象艺术设计定位。

首都北京城市色彩形象艺术设计主要有历史色系、现代色系和未来色系。历史色系由皇城和民居组成。现代色系(现状)主要是由现代大公共建筑色彩和住宅色彩组成。未来色系(创新)

构成尽管属于发展范畴，但通过预测，进行色彩前瞻性分析，引导艺术设计方向。

城市色彩形象艺术设计具有一定的主观性。城市色彩形象艺术设计受到流行、时尚因素影响，表现出一定的非理性特点。

城市色彩形象艺术设计手段有两种：一种是协调方法，另一种是对比方法。协调方法和对比方法，需在不同目标下所采取的不同方法，切忌简单化。城市色彩艺术设计定位，一般以历史元素和创新元素为基础。

由于城市形象形态类型多样、系统复杂。所以城市色彩形象艺术设计原则基本以协调为主，对比为辅。处理不同类型的色彩关系时，应当制定原则。城市历史环境色彩应当尊重后续色彩，还应尊重先前色彩环境，与之协调，在彼此同等定位中，可以强调各自个性，形成丰富的效果。色彩艺术设计是城市形象识别系统元素之一。在城市形象识别系统中，制定色彩识别系统具有重要意义。发挥使用功能和审美功能作用。

北京城市色彩形象艺术设计需要制定科学规划，建立近期规划和远期目标。

8. 北京城市照明形象艺术设计

照明形象艺术设计给城市带来绚烂的审美享受。北京作为国家首都，在重大活动和节日时，应通过夜景照明艺术设计，在重点地区应表现北京城市形象的辉煌、亮丽、妩媚和活力。

如何科学地建立北京城市形象照明艺术设计目标，针对不同地区，要采取不同手段，实施不同的照明艺术设计方案。

不仅要考虑夜晚照明效果，同时必须关注白天灯具形式对城市艺术设计整体环境的影响。对城市照明灯具造型艺术设计，实行"三统一"。"三统一"是区域范围统一、风格定位统一、尺度统一，以改变城市照明灯具杂乱无章状况。

应当防止片面强调照明艺术设计效果所带来的光环境污染。建立科学使用照明艺术设计元素的理念，防止"滥用"。对影响人们户外活动的照明方式应当禁止。

9. 北京城市形象的尺度艺术设计

北京城市形象艺术设计离不开尺度要素的运用。

城市形象在不同历史阶段，形成不同的尺度关系。1949 年以前古都北京的尺度在当时情况下，与其他城市比较属于超大型尺度的城市。比一般城市尺度大了许多，以体现都城性质的地位。

新中国首都北京城市形象尺度艺术设计，于 20 世纪 50 年代取得成功，科学使用了尺度手段，表现大国首都应具有的气魄。但在近 20 年的城市形象艺术设计中，尺度元素使用的成功例子不多，导致在感知城市形象艺术设计形态时节奏感、震撼力和亲和力严重缺失。所以我们在制订城市形象艺术设计发展战略目标中，把尺度元素作为城市形象发展的一项控制目标加以研究，而不是简单地制定单向的控高标准。所谓"单向"控制要素，是指只能满足一个目标控制要求的要素、但它同时也抑制其他地段尺度突破的需求。

10. 北京城市古都老城门的标志形象设计分析

北京作为历史文化名城，它有着古都建城悠久的历史。古都有十几个城门，它们是古都出入的形象标志，极具象征意义。由于种种原因大部分已被拆除，仅存几个。

古都城门是城市形象的重要艺术设计元素，在体现城市空间秩序、空间层次、空间节奏、景观方面作用十分突出。

新中国首都北京，城市建设扩展已经是古都的十几倍，在巨大的新建城区的边缘，建设"八个门户"城市形象标志，使其具有新旧呼应、新旧整合作用，体现历史延续和发展创新的统一关系。创造感知新北京的国家首都形象，充分发挥现代"城门"形象的艺术设计元素价值。

古都形象保护，首都形象创新，生态形象复兴，三大形象系统的一体化，实现城乡形象各异，整体协调全面发展是北京城市形象过去、现状和未来发展的基础和目标。

11. 北京城市形象创新实例

这里以北京奥林匹克公园及五棵松文化体育中心城市形象创新为例进行分析。

北京奥林匹克公园,设计构思反映中国的传统文化成就和世界的体育成就,构建"人类成就的轴线"。设计理念寻求和谐性与综合性。森林公园向南部延伸,文化轴线向北延伸,作为故宫皇家轴线的终点。

奥林匹克轴线,连接国家奥林匹克体育中心和国家体育场。

森林公园位于奥林匹克公园的北部,是体现中国几千年文化的殿堂。挖掘出一个"龙湖和草原的景色"。公园西北的小山代表昆仑山脉,黄河、长江和珠江从那里发源,水流注入龙湖,隐喻中国的东海,海中央是传说中的蓬莱仙岛。湖中水向南流形成运河,河水和林阴道连接森林公园、奥林匹克公园中心区和亚运村。

文化轴线。北京城以南北轴线为基础展开,长达 5km 的奥林匹克轴线是传统轴线的延伸。建筑建造在轴线周边而不是轴线上,以体现轴线的永恒和力量,轴线简洁地消失在森林公园的山中,代表中国古代文化发源于自然。在这条新轴线上每隔 1000m 设计一个纪念广场来代表一个千年,体现中国 5000 年来的文化成就与贡献。

奥林匹克轴线是奥林匹克精神的象征,起于国家奥林匹克体育中心体育场,向北穿过国家体育场、体育英雄公园,到达森林公园中的奥运精神公园。体育是文化的重要元素,奥林匹克轴线与文化轴线在周王朝广场交叉,体现了中国对城市建设文化的贡献。这个交汇点,也是奥运会升旗广场的位置。

在总体规划中,森林公园、文化轴线和奥林匹克轴线组成了奥林匹克公园的主体构架,在此基础上进行详细规划,包括体育设施、会议与展览中心、奥林匹克村、公共设施、商业设施以及地下停车场,总建筑面积约 210 万 m²。

北京五棵松文化体育中心,位于北京市区西部,复兴路与西四环路交叉口的东北角,用地面积约 50km²,总建筑规模在 20 万 m² 左右。根据第 29 届奥运会体育设施总体规划,五棵松文化体育中心是奥运会场馆三个分区之一,安排篮球、棒球和垒球比赛的 3 个比赛场馆,也是北京西部居民进行体育活动和文化休闲活动的重要场所。

设计构思"环形山"(公园)体系,"环形山"网格体系是一种为了最大限度地灵活开发场地、统一场地,并创造一种开放式水平感受而设计的图形。

作为北京奥林匹克公园地标性建筑的北京国家主体育场"鸟巢"和北京国家游泳馆"水立方",已经成为北京奥运会形象标志。

北京国家主体育场"鸟巢",由瑞士赫尔佐格和德梅隆设计。新的国家体育场坐落在奥林匹克公园中央平缓的坡地上。该体育场如同一个巨大的容器,高低起伏富于变化的外形弱化了建筑物的体量感,并赋予其戏剧性和极具震撼力的效果。体育场的外观以建筑结构的形式加以表现,立面形式和建筑结构达到了完美的统一。结构的组件相互支撑,形成网格状构架,如同一个由树枝编织成的鸟巢。整个体育场的空间既具前所未有的独创性,又简洁而典雅,成为 2008 年奥运会的一座独特的标志性建筑。它给我们带来雄伟、新奇、单纯、完整、明确的强烈印象。

北京国家游泳馆"水立方"由赵小钧等设计。这个设计简洁纯净的体型谦虚地与宏伟的主场对话,不同气质的对比使各自的灵性得到趣味盎然的共生。

作为一个摹写水的建筑,纷繁自由的结构形式,源自对规划体系巧妙而简单的变异,却演绎出人与水之间的万般快乐。将奥林匹克的竞技场升华为世人心目中永远的水上乐园。

国家游泳中心处于这样一个特定区域内、特定建筑旁,如何与其相协调、如何遵循整个奥林匹克公园的规划设计,便成为设计师关注的问题。

设计师选择一个方形,同样认为"方"是对既有事物最好的尊重,而且可以与其内在的浪漫产生更强烈的对比,从而激发出更多的趣味。在积极的协调中"水立方"与"鸟巢"获得了真正意义上的共生。

围绕北京 2008 年奥运会城市形象建设还包括奥林匹克公园雕塑、设施等一系规划设计,它们是北京奥运会城市形象系统和元素构成的主要内容。

(二)香港

1. 形象代表

旅游景点:维多利亚港、太平山顶、香港杜莎夫人蜡像馆、荷李活道、摩罗上街、文武庙、西港城、兰桂坊及 SoHo 荷南美食区、金紫荆广场、跑马地马场、珍宝王国、海洋公园、浅水湾、赤柱市集及美利楼、香港仔避风塘、玉器市场及"玉器街"、园圃街雀鸟花园、花墟、金鱼街、星光大道、前九广铁路钟楼、九龙寨城公园、啬色园黄大仙祠、鲤鱼门海鲜美食村、沙田马场、青松观、屏山文物径、吉庆围、米埔湿地、大夫第、青马大桥、龙跃头文物径、林村许愿树、西贡墟、香港湿地公园、香港迪士尼乐园、大澳渔村、宝莲禅寺及天坛大佛、亚洲国际博览馆、梅窝、航天城。

代表性建筑:长江集团中心、交易广场、汇丰总行大厦、中环中心、中银大厦、中环广场、香港会议展览中心、香港国际机场。

市花:紫荆花。

总体形象:亚洲国际都会。

城市理念:动感之都。

香港的整体景观如图 5-4 所示:

图 5-4　香港城市景观

2. 城市硬件系统的比较

地理位置：东经 1140 15′，北纬 220 15′，亚洲。

自然景观：多样丰富。

人文景观：面向世界。

城市布局：高楼林立，繁华拥挤。

城市设施：完善。

城市雕塑：文化底蕴、象征寓意。

城市建筑：现代大气、国际风范。

3. 城市软件系统的比较

风俗特色：浓郁的民族传承。

城市事件：香港艺术节、香港国际电影节、香港国际龙舟节。

城市精神：文明进步、自由开放、安定平稳、机遇处处、追求卓越。

城市口号：动感之都，就是香港乐在此，爱在此。

时尚气息：商业化、时尚感。

城市语言：粤语、汉语、英语。

政府形象：廉洁、亲民。

市民形象：创意进取、朝气蓬勃。

服务行业形象：市井百态。

4. 香港的城市形象定位

"亚洲国际都会",点出香港作为亚洲地区营商中心的角色,一道通往充满新经济机会的中国内地及亚洲其他地区的大门。

5. 香港所具备的特质

大胆创新、都会名城、积极进取、卓越领导、完善网络。香港拥有实力颇强的品牌形象,如有较佳创意、紧贴时代步伐、灵活变通、充满智慧、魅力四射、不断进步、活力充沛、开创潮流、蜚声国际、独一无二、表现卓越以及别具一格等。

(三)宁波

宁波是一座历史文化名城,城市建设有丰富的文化历史底蕴。而改革开放30余年来,宁波市的城市建设更是发生了巨大的变化,从20世纪90年代的"三横四纵十卡口"骨干道路改造建设到三江六岸绿化工程的美景布局,再到东部新城的建设、鄞州南部商务区的崛起、"中提升"工程大举推进,已初步拉起现代都市的城市框架,树起了宁波城市的新形象。因此可以说,宁波城市的基础建设,已经有了一个很好的基础,并在多方面体现出了自己的特色。但未来的宁波城市,应该更加严格地按照宁波长远发展规划城市功能布局的要求,按照国际化的标准和城市科学的规范,按照城市形象塑造的规律,构建系统的城市信息和识别系统,建设布局合理、功能完善、城市畅通,与现代化国际港口城市相匹配的城市街区。如三江六岸应该进一步完善它的景观效果。三江六岸绿化带已然是串起宁波文化景观的项链,宁波大剧院、宁波影都、宁波书城、和义大道与和丰创意广场等像一颗颗硕大的珍珠,点缀着三江六岸,格外美丽。这是宁波城市地标形象特征系统的集中点,以三江六岸为核心的城市街区风景已成为宁波商业文化中心的标志。近年来,经过进一步美化、亮化,三江六岸已成为外地人来感受宁波城市风貌的"客厅"之地。建设好三江口为核心的三江六岸城市景观带将会大大提升宁波对外展示城市形象的分值。

另外"中提升"战略是宁波建设现代化国际港口城市的大手笔，它包括中心城市建设和发展、数十项重大工程项目的开建。

东部新城就是大项目之一。东部新城将作为宁波的"第二心脏"，未来的宁波将呈现"一城双核"结构，东部新城将与传统的繁华的三江口城市中心区一起跳动，这里建起了许多地标性建筑，如环球航运广场、宁波的第二高楼——中国银行宁波分行大楼等，国际贸易、国际航运以及金融服务机构也将齐聚在这里的中央商务区。这一切将会为宁波的城市形象展现新的绚丽图景。

南部商务区将打造成宁波的"曼哈顿"，206.2m高的宁波市商会。国贸中心，已有包括奥克斯、罗蒙等46家企业总部和相关单位入驻。随着南部商务区二期工程的进一步开发建设，这一区块将会使宁波的城市形象更为立体。宁波市的城市形象设计与建设概括而论，应加快制订城市形象品牌建设的总体规划，并从城市建设的基础工程入手，努力做好城市基础建设、城市文化建设、城市生态建设，同时发展城市形象品牌建设及城市识别系统建设，塑造好城市的内在品质，为城市形象的对外展示和传播，提供坚实的软硬件基础。

二、外国优秀符号空间信息设计案例

（一）巴黎

1. 形象代表

旅游景点：埃菲尔铁塔、巴黎凯旋门、巴黎圣母院、荣军院、先贤祠、巴黎歌剧院、圣礼拜堂、圣心堂、玛德莲教堂、凡尔赛宫、巴黎地方法院、巴黎市政厅、卢森堡公园、波旁宫、拉德芳斯区新凯旋门。

博物馆和展览馆：卢浮宫、奥塞美术馆、蓬皮杜中心、巴黎格雷万蜡像馆、罗丹博物馆、毕加索博物馆、巴黎达利蒙马特空间、克吕尼博物馆、蒙帕纳斯博物馆、大皇宫、小皇宫、夏佑宫。

街道、广场和其他地区：香榭丽舍大街、里沃利路、协和广场、巴士底广场、巴黎塞纳河、孚日广场、亚历山大三世大桥、新桥、拉雪兹神父公墓、杜乐丽公园、索邦大学、春天百货店、左岸咖啡。

市花：百合。

总体形象：浪漫之都、香水之都。

城市理念：时尚之都。

城市标志：与法国国旗一致的蓝红色彩反衬着帆船的形象，象征着自由与浪漫。

城市色彩：米黄色。

巴黎整体的城市景观如图 5-5 所示：

图 5-5　巴黎城市景观

2. 城市硬件系统

自然景观：多姿多彩、妩媚。

人文景观：艺术的、浪漫的。

城市布局：大气、井井有条。

城市设施：完善。

城市雕塑：历史性、意念感、名家作品、印象派。

城市建筑：古典主义、贵族气度、庄重沉稳。

3. 城市软件系统

风俗特色：热情、欢愉。

城市事件:巴黎时装节、巴黎电影节、巴黎沙滩节、夏季音乐节、月光电影节、法国遗产日。

城市精神:凝聚开放,好动,好生活,富有创新,富有想象力,实现各种理想的,富有历史精神。

城市口号:巴黎向您微笑致意——2008 年 7 月 5 日至 14 日"巴黎旅游周"口号。

时尚气息:追求生命感、现代美的城市。

城市语言:法语、英语。

政府形象:现代、开明。

市民形象:浪漫主义。

服务行业形象:优雅。

4. 巴黎的城市形象定位

竭尽古典艺术的华丽之风后,大都市格调唤醒新巴黎。新巴黎充满欢乐的生命气息,悠闲舒适,乐于分享,丰富而又活跃。将时尚、浪漫传世的巴黎,在工业化、现代化、欧洲一体化、全球化进程中成就迷幻的巴黎。

5. 巴黎城市形象的核心价值

美丽、优雅、闲适是巴黎城市文化的基本特征。这样一种城市文化吸引了全世界的注意,吸引全世界的艺术家、文化经纪人、商人和艺术崇拜者及旅游者来到巴黎,使巴黎成为一个名副其实的世界文化中心,也是世界经济中心。

6. 巴黎所具备的特质

厚重的巴黎历史文化,精美绝伦的古典建筑,营造巴黎特有的古典浪漫情调,巴黎人以此为骄傲,也形成了一种崇尚古典的"巴黎意识"。巴黎,华贵绚丽之外不乏前卫,自由平等背后也有传统。

（二）加德满都

1. 形象代表

加德满都杜巴广场、塔庙、加都的小香港、斯瓦扬布拉特、帕斯帕提那神庙、帕殊帕蒂纳特庙、长谷那拉扬庙、德古塔蕾珠庙、斯瓦扬布寺、博大哈佛塔、浮图纳特塔、巴德岗王宫广场、杜巴广场等。

市花：杜鹃花。

总体形象："寺庙之城""露天博物馆""朝圣之城"。

城市理念：留存原始淳厚民俗民风的寺庙之城。

城市标志：无明确标志。

标志色彩：土红色。

加德满都整体的城市景观如图5-6所示：

图 5-6　加德满都城市景观

2. 城市硬件系统

地理位置：北纬 270 42′，东经 850 20′，亚洲。

自然景观：苍松翠柏、阳光灿烂、四季如春、"山中天堂"。

人文景观：古朴、幽深。

城市布局：无良好布局。

城市设施：落后。

城市雕塑：神像、精雕细刻。

城市建筑：屋顶绿化、建筑限高、气势雄伟、金碧辉煌。

3. 城市软件系统

风俗特色：混合传统尼泊尔式和西方格调。

城市事件：洒红节、德赛节、佛诞节、湿婆诞辰节、圣线节、神牛节、黑天神节、妇女节、因陀罗节、赛马节、点灯节、驱鬼节、祀蛇节。

城市精神：温和好客。

时尚气息：民俗。

城市语言：尼泊尔语、印地语、英语。

政府形象：亲民。

市民形象：虔诚、淳善。

服务行业形象：热情。

4. 加德满都的城市形象品牌定位

有着"现代文明在此止步"说法的佛教圣地，世界闻名的游览胜地，亚洲重点保护的十八座古城之一，尼泊尔的古代建筑艺术中心和文化中心。

5. 加德满都所具备的特质

尼泊尔首都加德满都，是一座拥有千年历史的古老城市，素有"山中天堂"的美称。是一座"寺庙之城""露天博物馆"。

通过对本章几座城市形象的考察与比较，我们发现，城市的确是有形象、有表情的，而且是各不相同，各有其"特质"。梳理一个城市的形象是富有挑战性的，其中最显指数的就是每个城市的个性因子，即"城市特质"。

形象定位中的去个性及夸大个性的说法使城市形象大同小异、互为模仿、互相攀比，在相当程度上抹杀了城市个性，以至于多数城市在形象定位时出现空心化和去个性化。另外，城市盲目打造与历史、现实不符的个性因子，有违城市正常的发展路径，由此形成的伪个性反而体现城市拙劣的自我认知能力。

(三)首尔、纽约与东京的城市符号

半个世纪以前的首尔(汉城)面临着十分恶劣的环境，前途一片渺茫，20世纪70年代的纽约也在面临着形象危机，几乎陷入"颓势"的窘境之中，但到了今天，它们都已发展成世界上著名的品牌城市。

1. 城市形象传播

从国外的著名城市来看，各市政府无一不高度重视城市形象塑造和传播，基本形成了政府主要负责人统领、政府相关部门协调配合的工作机制。韩国首尔，通过建立统一领导、多元协调的城市营销组织网络和领导机制来开展城市形象传播工作。

2. 城市形象识别要素

理想的城市形象传播应该以受众需求为导向，通过与受众的双向动态沟通，以满意度为目标驱动整合各种传播资源和传播手段以达到受众的忠诚。为了给城市形象传播提供明确的任务导向，国际上的这些著名城市在开展城市形象传播前均制订了清晰明确的城市形象建设目标。首尔提出城市使命是"人类与自然、历史文化与尖端科技相融合的世界城市"，基本目标为"领导东北亚经济的世界级城市、充满文化气息的城市、治理环境的生态城市、充满幸福的福利城市以及统一朝鲜半岛的中心城市"，具体目标包括健康、便利、充满活力、具有竞争力的国际都市等。每一项目标，首尔市都有更细致而复杂的分解方案和量化描述，使每一项目标细化到可执行、可评估的层面。

为了使城市形象传播目标具象化，这些著名城市还纷纷系统设计了城市形象识别要素，如首尔目前已经建立较为成熟的形象识别体系，包括城市市徽、城市口号、城市市歌等一系列城市形象识别要素。首尔的城市新徽章从 1996 年开始使用,城市各处都有标准的市徽 logo:"你好首尔"(Hi Seoul)(图 5-7)既是首尔市的城市口号,也是首尔市政府所推荐的优秀企业共同品牌;首尔专门谱写了以宣传口号"Hi Seoul"为主题的歌曲《首尔之光》(The Light of Seoul)作为市歌,并委托在全亚洲知名的女歌手 BOA 演唱。

图 5-7　首尔城市新徽章

纽约的成功做法是,聘请专家设计出以"大苹果"图案为基础的旅游标志,把该标识印在信笺、文艺作品、T 恤衫、珠宝首饰、领带、围巾、明信片、眼镜、餐具等日常物品上进行各种媒体传播。纽约市提出了"我爱纽约"(I Love New York)的城市营销口号,这一口号原是美国纽约州的旅游广告词和标志,后来被应用为纽约市的城标。"I Love New York"是 1977 年由梅顿·戈拉瑟创作的一个图像标志(图 5-8),"我爱纽约"标志出现后,这个标志便开始了与纽约的不解之缘:很多餐馆、旅店、装饰品店购买纽约城标的使用权,由此带来了巨大的财富,城标还出现在纽约的各大宣传活动中,甚至连宣传手册上都有这个标志。

图 5-8　纽约市的城标

3. 城市形象打造

DDB Worldwide Inc 的董事长、同时兼任美国外交行动商业集团总裁的基思·莱茵哈德说，借助一般公关手段，哪怕使用强大的网络，也难以让美国形象光彩依旧，唯一可以指望和尝试的是美国每年的旅游人口流动。人际传播拥有改变国家形象的巨大力量，在改变城市形象方面的功效同样不容低估。纽约将普通消防队员作为城市形象代言人，向全世界展示这座城市市民平凡、敬业、履责、勇敢的人文品格；首尔通过聘任著名人士为首尔市宣传大使的方式推广城市形象；东京则充分利用民间团队力量开展城市形象营销传播。这些城市还利用一切渠道向全体市民广为宣传，不仅使他们清楚地了解推广城市形象的重要性，更重要的是使他们从自己做起，人人成为城市形象的创造者和传播者，把推广城市形象作为日常工作和生活中的文化自觉。

此外，这些著名城市的管理者也非常善于借力，充分利用专业机构资源。如伦敦在重新设计品牌形象中，就吸引了世界各地的数十名设计师为其提供方案，纽约的"大苹果"也是聘请专家设计得来的，首尔长达 270 多页的城市营销整体规划也是借助"外脑"研究得来的。

4. 城市形象的传播

国际上这些著名城市的形象传播手段非常多元，除对常规的公关、广告、推销、促销等沟通手段进行整合利用，还发展了许多行之有效的城市形象传播新手段，使城市整合营销沟通更具活力和效果。如国际认同的"全球城市"东京，其充分利用东京国际马拉松赛、三宅摩托车大赛、国际动画展销会、东京国际电影节、狂热东京爵士、东京时装周等会展活动载体，通过活动的开展提高城市的知名度，宣传东京的魅力，吸引世界各地的游客。澳大利亚昆士兰旅游局则于 2009 年初策划了"世界上最好的工作"这一事件，总投入仅仅 170 万澳元的事件营销，创造了 1.2 亿澳元的广告传播价值,并让"大堡礁"在全球变得广为人知。特色经济是城市形象差别的要素之一,通过名牌产品的输出进行城市形象传播也是成功城市广为采用的传播方式,如法国巴黎,时装、香水、水晶玻璃制品、金银器皿和豪华餐具以及以路易·威登为代表的高级旅行箱具,加上卡地亚、伯琼这些著名的珠宝品牌,使巴黎时尚之都的城市形象深入人心。

　　如何使城市面向不同的区域以及在不同的时间里传递一致性的信息,如何使城市形象信息的传播既适合不同受众的认知与评价规律又不失信息的一致性,这是城市形象传播所面临的严峻挑战,也是塑造城市形象的关键所在。国际上的这些著名城市在传播实践中,都十分注重平面媒体和电子媒体的整合、传统媒体和新媒体的整合、多种语言和多种文化的整合,并充分利用人际传播、组织传播、大众传播中的各种信息传播方式,提升城市形象传播的渗透力和影响力。通过整合利用电视、报纸、网络、杂志、户外、画册、展板等多种媒体加之与公关、节事活动、会展活动等其他沟通手段联合开展360度品牌传播,使城市形象传播的范围、时间、手段有了极大的拓展,最终获得了显著的传播成效。

第六章　公共空间信息设计的未来方向

信息可视化的优秀范例更多来自国外,而国内的作品总是有意无意地排斥可视化,或者直接地说,总是有意无意地给读者制造阅读障碍。因此,对设计师来说,应该对中西视觉设计文化认真比较和深入反思。

第一节　信息传达与文化形象传播

一、城市色彩

（一）城市色彩

城市色彩是指城市物质环境通过人的视觉所反映出来的城市总体色彩面貌。城市色彩可以塑造城市的风貌、彰显地域文化、传达场所的精神、实现诗意的栖居。总之城市色彩是人文环境和地理环境共同创造的结果,而反过来独特的城市色彩又会成为该地区或城市地方文化的重要组成部分。

通常,城市规模越大,物质环境越复杂,人对城市的整体把握就越困难。城市的地域属性、生物气候条件、作为建筑材料的物产资源以及城市发展的状态对于城市色彩具有决定性的影响,世界城市所呈现出来的色彩格调都和这种影响有密切联系。而文化、宗教和民俗的影响,使这种差异变得更为鲜明而各具特色。如德国人的理性、严谨、内敛、坚毅（图 6-1）,意大利人热情、随性和外向（图 6-2）,中国人的含蓄、淡泊、随和、包容（图 6-3）,还有拉美人的热烈和奔放,都在他们的城市色彩中得到了充分的展现,体现了地域人文特色。而具有相近地域条件的城市,一般也具有相类似的色彩面貌。

图 6-1　德国城市

图 6-2　意大利威尼斯

图 6-3　云南丽江

（二）城市色彩的历史发展

1. 早期的城市色彩萌芽

从人类文明发展的进程看，早期的色彩主要集中体现于建筑的外部装饰。由于受到自然风土和传统文化的直接影响，形成了与之相对应的独特鲜明的色彩样式，诸如大理石构成的雅典卫城、金顶赤壁的紫禁城等。此时的色彩不仅仅代表着祈福与愿望，更象征着神权、等级和阶层。但从城市规划的角度来讲，色彩的运用和影响仍然有限。

中国传统城市从总体上看体现了儒家文化和与之相结合的社会等级制度。建筑色彩和建筑形式一样，为统治阶级的意识形态所左右，体现了严格的等级制度。色彩自古就有尊卑之分，虽然几千年来尊卑排序稍有变化，但是红、黄二色一直是高贵的象征，且自唐代起，黄色成为皇家的专用色彩，明清北京城曾被美国著名学者培根誉为"人类在地球上最伟大的单一作品"。皇城外灰砖灰瓦的四合院居民区围绕着皇宫，烘托出皇家金碧辉煌的建筑主体，体现皇权至上的中心地位，形成了鲜明的色彩对比（图6-4）。

图 6-4　北京故宫

2. 城市色彩概念的形成

18世纪欧洲的工业革命，对城市形态和城市规划产生了巨大影响,而其中影响最显著的首推 20 世纪崛起的国际式现代建筑流派,它以功能、形式与材料的统一为出发点,在建筑色彩上极力体现建材的本色,高明度低彩度的墙面粉饰、灰色的混凝土墙面等均为其特有的设色风格。

3. 色彩融入城市规划

色彩对城市设计的真正影响源于 20 世纪 60 年代,欧美一些国家开始在新城市规划设计中,引入色彩作为改善环境、展现文脉和延续城市特色的重要元素。尤其是大规模的城市设计,更是关注周边的自然环境色或是原城市环境色,并把建立美的色彩环境作为一项社会责任和城市规划的特定内容。甚至在不少发达国家,人们还把是否拥有优秀的城市色彩看作体现城市风貌以及反映现代物质文明和精神文明的重要标志之一。

我国城市色彩在 20 世纪 80 年代以前总体呈现为协调的状态。在当时社会经济平稳、城镇化缓慢发展,无论是建筑材料的使用还是建筑颜色都相对稳定变化不大,因而使城市形态与结构得以保持,城市色彩也呈现相对稳定的面貌,具有较明显的地域特色。自改革开放以来,城市化进程逐渐加快,城市建筑发展有了日新月异的变化。开始了连片的现代化中高层建筑以及高层住宅区的建设,使老城市肌理与尺度产生很大改变。

(三)城市色彩的研究进展

1. 国内城市色彩研究

(1)长沙

在长沙城市色彩规划设计中采用的方法为科学记录、管理、控制色彩——寻找传统、继承优化、发现问题、去色改错。历史区域色彩规划突出历史景观,功能区域色彩规划符合各功能景观特征。

在对长沙自然景观色彩的研究测定后,将植物、土地、老城的房屋等建筑进行统一的规划处理,把这些色彩通过城市色彩规划的专业设计手法,分离提取出不同明亮程度和鲜艳程度的色相色彩,形成色彩印象各异、浓淡层次丰富的色调,融入其他有助于构建和谐城市景观的色彩,形成了以红橙黄——暖灰色系为色调的长沙市专用色谱。

(2)泉州

泉州城市景观色彩主旋律概念总谱系统—色彩的筛选与效果验证,根据色彩与城市景观之间的和谐程度,结合视觉判断,对现况色彩进行筛选和梳理。剔除现况中的"问题色彩",保留相对合理的色彩,置入泉州典型的城市景观中,看其能否与景观环境完好地融合。运用色度学理论梳理色彩,通过家族谱系分类排序。城市景观色彩主旋律概念总谱主要由 3 个子系统构成,即屋顶色彩概念总谱、墙面色彩概念总谱和点缀色概念总谱,它们共同构成了"丹彩之城"泉州的城市色彩主旋律(图 6-5)。

相较于法国的色彩地理学,在城市色谱总结中,宋建明团队的规划研究的类别划分更详细。与此同时,更关注中国传统文化,如写意山水,无色即是有色等。

图 6-5　泉州

(3)广州

为了科学、完整地提取广州城市色彩初级总谱,由郭红雨主持的广州城市色彩规划方案利用色彩分析软件、专业配色软件等计算机处理技术,整合自然环境色谱、人文环境色谱、人工环境主辅色谱与点缀色谱,综合得出了广州城市色彩初级总谱,包括主辅色谱和点缀色谱。

广州城市色彩总谱的提取,以人工环境色彩为主,但是为了寻找属于广州本土的城市色彩总谱,还要综合考虑自然环境色彩与人文环境色彩的结合。为了表达广州城市色彩体系的独特性,需对广州的自然及人文环境有较多的了解。同时,通过前期的分析比色,协调城市自然色彩与人工环境色彩,将广州独特的人文环境以色彩基因的形式置于推荐色谱中。在对广州各类色彩环境色谱整合推演的基础上,整理出的广州城市色彩即为广州城市色彩概念总谱(图 6-6)。

图 6-6　广州

(4)哈尔滨

由吴松涛主持的哈尔滨市城市色彩规划,注重城市历史文脉的延续,根据挖掘—继承—发展的原则,深入研究,形成特色。针对冬季城市的气候特点,城市中的建筑色彩强调暖色调,尤以米黄色和黄白相间的暖色调为主,以适应哈尔滨冬日的严寒气息。同时,哈尔滨的欧式建筑是该市传统建筑风貌的精华,这种建筑色彩奠定了哈尔滨城市色彩的基础,即以米黄、灰白为调,构成基本色。哈尔滨的色彩控制原则为:适应冬季城市气候特点;注重历史文脉的延续性;突出时代性与现代感。哈尔滨传统保护区及周边区的主色调为"X＋白"(图 6-7)。"X"以米黄色为主,辅以洛可可装饰风格的色系;"白"以装饰线脚及檐口色为主,适当加些点缀色为砖石本色与红褐色。

图 6-7　哈尔滨

2. 国外城市色彩研究

意大利都灵是现代城市色彩的先导者。随着经济、文化和建筑业的发展,美国、日本、法国、葡萄牙等其他欧洲国家相继出现了专门为建筑进行色彩规划与设计的机构,城市色彩迅速发展起来。其中以法国和日本的城市色彩研究最具代表性。

(1)意大利都灵

意大利都灵是一个历史悠久的小城,因其城市色彩研究起源早,涉及范围广,而成为欧洲国家从城市的角度研究色彩并加以运用的典例。都灵的城市色彩研究以城区古建筑立面的复原为出发点,结合城市现用色彩,拓展古城原有的色系,并制作色彩样板墙以指导建筑物的粉刷。都灵城市色彩研究通过文献查阅古城色彩,以古建筑物色彩复原为出发点的思想,唤起了学术界从城市环境保护和延续角度对于城市色彩的思考。

(2)法国

让·菲利普·朗科罗的"色彩地理学",工作成果主要表现在地方性色谱的采集、提取和归纳总结,注重对研究对象色彩的直观表达。朗科罗是第一位提出将色彩看作根据自然规律而存在的独立要素,赋予色彩与我们日常生活相关的个性学者。

在选定的地区内观察所有地理要素及其相互作用,将该地区的特征同其他地区相区别,认识处在不同地域中同类事物的差异性。主要研究每一地域中民居的色彩表现方式与景观结合的视觉效果,考察这些区域人们的色彩审美心理及其变化规律。

(3)日本川崎市

日本城市色彩规划关注"人造色"与"自然色"的和谐;考虑色与色、色与形、色与环境等相互间的各种关联,先研究建筑物外部的基调色,再制定设计方针。

在方法上,日本借鉴了法国色彩学家让·菲利普·朗科罗教授的经验,并因地制宜,发展创新。在实地采样中使用电子彩色分光测量仪器,为该地区未来进行建筑色彩的规划和设计提供更加精确的现状数据库,使设计成果能够得以准确地表现。

(四)城市色彩的处理原则

1. 从城市设计角度

(1)城市设计的整体性

城市色彩问题必须从城市角度,运用城市设计方法对城市空间环境所呈现的色彩形态进行整体的分析、提炼和技术操作,并在此基础上根据城市发展所处的历史阶段、不同的功能片区属性和建筑物质形态进行色彩研究。

(2)色彩的整体和谐性

色彩具有色相、明度、饱和度三要素,不同色彩通过合适的方法混合共存,相互影响,由此产生整体协调的色彩混合效果,对于控制城市色彩景观具有重要意义。和谐是色彩运用的核心原则,也是城市色彩处理的重要原则。通常,有效利用色彩调和理论搭配出的色彩组合,比较易于形成和谐统一的色彩关系。

(3)城市与自然环境相协调

人类的色彩美感与大自然的熏陶相关,自然的原生色总是最和谐、最美丽的,如土地的颜色、树木森林的颜色、山脉的颜色、河流湖泊的颜色。城市色彩规划只有不违背生态法则,掌握色彩应用的内在规律,才能创造出优美、舒适的城市空间环境。通过科学的色彩规划和有力的色彩控制,才可避免整体色彩无序状态。

（4）服从城市功能分区

城市色彩与城市功能密切相关。商业城市与旅游城市、新建城市和历史城市，其色彩是有所区别的；大城市与小城市，其色彩原则也不尽相同；城市中不同功能分区之间的色彩定位也是不同的。

（5）传统文化与特色相融合

城市色彩一旦形成，就带有鲜明的地域风土特点且与人群体验的"集体记忆"相关，并成为城市文明的载体。城市色彩规划必须遵循传统文化与地域特色相融合这一基本原则。

2. 从不同尺度层面

（1）城市与城市区域

城市色彩以整体和谐为原则，在这一层面，人们能感受的城市色彩主要来自俯瞰的角度。城市的整体色调相同，没有突兀与不协调。

（2）街道与广场

城市色彩在多样统一的前提下表现不同的特点与气氛，人们可以从正面、侧面和仰视的角度感受城市色彩，而且通常会伴随光影的变化或夜间灯光的变幻，也可以用天空作背景。

（3）建筑及细节

城市色彩更为丰富且更接近人体尺度，人们可以从各种角度感受城市色彩，仔细体会不同情境下色彩的细微差别，而需要控制的则是各种要素的秩序，在统一协调的形体环境下创造丰富的色彩变化。

需要指出的是，城市色彩的主要载体是城市物质形体环境。解决城市的色彩问题，不能就色彩而论色彩，和谐有序的城市形体与空间环境，是城市色彩和谐有序的基础。

二、城市形象识别系统

（一）城市形象识别系统

城市形象系统表现为一定层次上的结构性关系，它既有一般事物形象系统要素的结构性，又有城市所属的形象系统的特殊性，其范围很广、结构复杂、整体庞大，包含的分支系统既有外在的显性系统，又有内在的隐性系统。这里从城市的主体——"人"的感知角度，将城市形象识别系统划分为深层的需要间接感知的城市理念识别系统和表层的可以直接被感知的城市感知识别系统以及城市形象行为识别系统，把"人"作为城市的主体，用"人"的感知作为划分的标准，因此，以此为核心的有生命力的城市形象结构，更具有整体性、社会性和人性。

1. 理念识别

城市形象理念识别系统是城市形象系统的核心和原动力，是其他子系统建构的基础和依据。城市形象理念识别系统作为城市形象系统的核心要素，是沟通、凝聚城市市民的思想、激发公众积极进取的有效途径，具有导向力、凝聚力，辐射力、激励力和稳定力，并影响城市市民行为的价值取向。

城市形象理念识别系统是城市形象的人格化体现，城市形象理念所展示的是城市精神等无形形象。因此，我们将城市形象理念识别看作城市形象整体系统的核心，即城市形象系统的"想法"。

2. 感知识别

任何一个有过一定生活经历的人，来到一个陌生的城市，都能感受到这个城市特有的文化内涵或个性的形象，从而产生抹不去的感受、"印象""意象"或"形象"。

城市色彩在城市形象识别系统中处于感知识别中的视觉部

分，是形成城市形象的重要组成部分。色彩本身是物质的、表层的，但城市色彩是由其背后的深层文化动因所导致而形成的，其具体的表现形式则是由城市理念识别系统所决定。

从传统西方美学的角度来看，色彩在所有视觉体系中占绝对统治地位。在城市视觉激烈的竞争氛围中，色彩有足够的能力参与竞争。城市色彩会引发城市主体思维的联动机制，诸如震撼、记忆、印象，从而感受到城市精神文化的内涵。城市色彩隶属于城市感知识别系统，并在其中占据主导地位，它由多个要素组成。

3. 行为识别

能够影响城市主体的行为，彰显城市理念识别系统的相关内容。行为识别，是一种动态的识别形式，它是将城市行为或活动以及市民和城市内部各组织机构的行为统一化，以体现城市理念的要求，达到塑造城市形象的目的。城市理念是城市行为识别的基础与原动力，城市行为识别是在城市理念的统摄指导和制约下进行的，它通过对城市活动的统一规划，形象地体现和传达城市理念。

在城市形象识别系统中，行为识别涵盖了最宽泛的领域，从广义上讲，它包括了城市主体的所有行为。当我们在对城市行为识别进行理论探讨时，最容易与其他领域产生交叉，相对而言，它比较缺乏系统性，是城市形象识别系统理论中最为薄弱的环节。

城市行为识别系统是城市理念的动态传播，包括城市内部行为子系统和外部行为子系统两个方面。前者立足于规范城市内部公众的行为和城市对内部公众所采取的行动，后者着眼于规范城市外部公众的行为。两者的目的都是让社会公众接收到统一的信息，以求塑造良好的城市形象。

（二）城市形象识别系统建设——以杭州为例

杭州在建立"旅游城市设计信息系统"中导入CI（与CIS同属一套理论，但有侧重点的差异），并作了以下考量。他们认为，杭州作为一个旅游城市,以旅游为主导,带动其他产业,城市的形象设计应以此为核心,以"国际旅游城市"为目标,全面呈现 21 世纪"新天堂"的城市形象。杭州旅游城市 CI 设计导入,将指导城市(特色)形象的体现。

1. 理念识别要素

包含城市旅游特色、风格,城市旅游发展宗旨、目标形象;旅游经营方针、原则,旅游宣传口号。

2. 行为识别要素

包含对外的城市客源市场调查、产品开发,城市旅游公关活动、市场促销,城市的公益活动、文化活动,和对内的城市面向市民(含旅游从业人员)的 CI 宣传,各类旅游企业的相互协作,城市旅游的管理体制和管理办法,旅游从业人员的培训;城市文化建设,城市旅游发展规划的制定与实施。

3. 视觉识别要素

包含城市旅游标志,城市旅游名称标准字的设计,城市旅游的标准色,城市旅游代表形象设计;市花、市树的标志设计,城市旅游特色歌曲、乐曲的制作,旅游广告、旅游手册、地图、明信片、幻灯、录像等制作。

4. 旅游城市建设要素

包含建筑风格、色彩,城市道路、水面、绿地、建筑小品,城市灯光工程,行道树、花草、路灯、路牌、邮箱、单位的牌名等。

杭州在导入 CI 设计时,特别强调对公众开展杭州城市形象的宣传教育,要求把实施杭州城市形象工程作为全市的一项战略任务,广泛向各部门、各系统、各单位及市民进行宣传教育,通过报刊、广播电视等新闻媒体进行专门的报道,做到家喻户晓,变为自觉行动。与此同时,需利用各种途径,包括每年举办的国际旅游节等大型活动,杭州与国内外进行交流的各种展览会、交易会、洽谈会、学术交流会、体育比赛、文化交流和文娱演出等活动,以及接待国内外游客来杭旅游的机会宣传杭州,通过多媒体信息系统,让世界了解杭州,从而确立杭州在国内外的新形象。

三、城市文化形象传播维度

(一)人与城市

人间,即世间,是人类的社会;空间,是与时间相对的一种存在形式;时间,是事物存在或继续的概念。相对于城市形象而言,又该如何看待? 仅用感知城市,显然是无法建构承载着历史、现实和未来的城市形象系统的。

每一座城市都有一部历史,每一座城市都有其不同的天然的城市区位。可以说,变化的城市形象与人间、空间、时间有着千丝万缕的联系。凯文•林奇说:"城市可以被看作是一个故事,一个反映人群关系的图示、一个整体和分散并存的空间、一个物质作用的领域、一个相关决策的系列或者一个充满矛盾的领域。"城市是无机的物质系统和有机的生态系统组成的人类社会巨大的有机复合体,其存在和发展本身就是一个多元的结构分化过程。研究城市诞生和发展过程,意味着解读城市的遗传基因及发展规律。站在城市全景的时间、空间、人间的制高点,牵引历史发展的脉络,或许是帮助我们探寻城市形象系统研究的有效途径。

人间,就城市形象而言是将人的形象塑造置于城市现代化的整体背景之下,与人的一切活动相联系所呈现的面貌。

1. 人对城市的影响

一座活的、有生命力的城市必须是以人为本的,公元前5世纪古希腊智者普罗泰戈拉的哲学命题:"人是万物的尺度。"这句话是"以人为本"思想的最早表达。这种"以人为本"也使人类认识到,城市发展的关键是人。作为普通的"人",观察城市,无论是居者还是过客,发现城市中"人"的形形色色和"城市"的千姿百态,潜在地比较着自己与所观察到的他人的行为差异,并以自身的经历和境界保存着、解释着这些差异。人,既是城市的主人,又是城市的体验者,也是城市的创造者。

人是推进城市发展的核心,是城市化进程中最具活力和最富有创新能力的细胞。随着城市化进程的加速,越来越多的人成为"城市人"。城市人口与日俱增,人们的生活形态也更具多样性。城市也面临着一系列的挑战:关注人的基本需求和生存状况、对多样化人群的尊重、给予人与人平等的机会、激发和鼓励人的创造力、应对老龄化社会的挑战、关注妇女和儿童的生活状况、城市流动人口的就业和社会流动性,等等。城市需要为人的生存质量创造条件,城市也应该成为人类创新和创造的温床。

城市的主体是人,创造城市形象的过程,也是塑造人的形象的过程,人与城市之间的主客体相互影响着对方。因此,作为一个资源体城市的核心竞争就来自人才资源,那些可以更好地挖掘人的潜力的文化、制度等,是城市发展的最终目的。只有把具有管理素质能力、具有战略眼光和才能的人力资源变成人力资本,才可能使城市进入一个可持续发展的状态。提高城市的整体形象,其核心也是提高城市人的整体素质,在城市文明的意义上创造特有的城市文化机制和特有的城市行为文化。人赋予城市文化、性格和创造力,同样,城市人的素质修养、道德标准、行为规范、社会风尚与文明程度,以及城市人的多元与融合等都反映着城市形象。

2. 城市对人的影响

城市形象是市民的骄傲,也是一种潜在的精神动力。良好的城市形象可以培养市民对城市的归属感,可以把市民的命运紧紧地与城市发展相联系,促使市民为城市的发展做出贡献。

城市,不仅是经济社会发展中的枢纽,同时,城市应该是市民安居乐业的美好家园,更应该是市民真正的精神家园,情感的归宿。

（二）天人合一的城市观

"天人合一"是中国古代哲学的基本精神，追求人与人、人与自然的和谐统一。汤一介先生认为："中国古代哲学主要是儒道两大系统，从这两大系统看，无论是儒家还是道家，他们讨论的根本问题都是'天人关系'问题，而且发展的趋势更是以论证'天人合一'为其哲学体系的根本任务。"①应当说，"天人合一"是中国传统文化的核心范畴，也是现代城市观的重要组成部分。

城市是人类存在的一种状态，是人类群体生活需求和社会再造的必然结果。城市是人赖以生存和发展的空间，是受到人为活动影响的生态实体。就城市形象塑造而言，城市是特定地域范围内以人的精神为主导，以城市空间为依托，以时间流动为载体，以城市文化为动力，以社会体制为经络，由整体系统构成的人工生态综合体，是一个开放的社会生态和自然生态双重含义复合的生态系统。

社会生态主要体现在社会发展的整体和谐方面，城市的各项系统，如经济运行系统、保障系统、供给系统、治安系统、交通系统等都十分健全，并得以高效运行；自然生态则主要体现在城市的自然生态环境的和谐上。社会生态和自然生态将人、城市和地球三者环环相扣，这种关系贯穿了城市发展的历程，也将在未来日益融合成为一个不可分割的整体。

（三）时间维度下的城市形象

时间是一种客观存在。一切物质运动过程都具有的持续性和不可逆性构成了它们的共同属性，这种共同属性称为时间。时间的持续性，包括过程的因果性和不间断性；时间的不可逆性，则指过程能重复但不可能返回过去的性质。时间的概念是

---

① 汤一介.从中国传统哲学的基本命题看中国传统哲学的特点[M].北京:生活·读书·新知三联书店,1988.

人类认识、归纳、描述自然的结果,时间除了持续性和不可逆性,还涵盖了运动过程的连续状态和瞬时状态,其内涵得到了丰富和完善。

1. 城市的时间

虽然城市是一个比较现代的概念,然而,城市从出现至今已经有几千年的历史。历史的变迁,时间的磨砺一定在城市的发展和兴盛过程中起到独特且重要的作用,在城市的演变历程中也一定有时间的痕迹,这种历史的变迁和岁月的履痕对城市的经济和环境等必然产生重大的影响。城市如同"活"的历史博物馆。正如意大利历史学家克罗齐(图 6-8)所说:"一切历史都是当代史。"

图 6-8 克罗齐

时间,就城市而言,是城市的过去时间、现在时间和未来时间。从时间维度看城市形象,广义上包括城市的过去印象、现在形象与未来想象。过去印象是公众记忆中的城市形象;现在形象是公众眼前的城市形象;未来想象是公众思维中预期的城市形象。因此,现代城市形象不能简单地理解为现在形象,而是以上三者的有机统一整体,即城市形象从过去到现在的变化、从现在到未来的趋势。

(1)城市的过去时间

城市的过去印象是对城市过去时间的"古"的溯源。每一个城市都有自己的历史,有自己的"身世"。城市的历史像一条直线,是继承的、延续的,这样人们才可以找到城市的源头,知道自己从何而来。由此,我们也确信,城市形象如同城市一样,不是一朝一夕、一蹴而就的,城市特色也不是短时间内就可以被人认可的,美好城市形象的建设是需要日积月累的。城市的自然环境各不相同,城市随着时间的发展其历史也各有千秋,与时间历程、与自然的关系十分密切。城市自然环境和人文环境更是持续变化的,对环境的适应和改变,社会、经济、技术和文化的巨变一次又一次地塑造着城市,并成为城市"过去时间"的一部分,城市"是靠记忆而存在的",可以说,城市是在时间中上演的戏剧,有形的或无形的许多遗存记录了城市的变迁。就像一本活的笔记,记录着这个城市的历史与过去。

城市的建筑,作为"凝固的音乐",呈现出建筑的多样性和差异性价值,也显示了这个城市的记忆。城市名称也是城市的一个记录,不同时期的名称,显示了这个城市的历史变迁,与之相应,城市中的地名、路名,也是遗存的一部分。城市的建筑、广场、街道、桥梁、居家庭院,以及商业招牌等符号和象征的叙事可以被"阅读",作为城市"物"的外部表象,其背后还隐藏着"事"的内部情况,积淀了每个时期的思潮或精神。例如哈尔滨的中央大街(图 6-9)、北京的胡同(图 6-10)。阅读经时间历练而遗留下来的历史文化建筑,才便于阅读这个城市,认识这个城市。一个城市的兴起、发展、壮大乃至衰落,是一个时间的过程,这个过程就成为这个城市的历史。历次的城市建设在时间维度中的沉积,也在历史延续中逐步形成这个城市的风貌,文化与特质。而一个城市在现代化的过程中,最重要的就是存有这份文化与特质的历史的"时间",在对城市漫长的历史和自然文化资源的溯源中,可以为城市形象的设计找到背景和依据。

图 6-9　哈尔滨的中央大街

图 6-10　北京的胡同

（2）城市的现在时间

　　城市的现在形象是对城市现在时间的"今"的审视。城市是生态中的城市，作为一个极为复杂和敏感的生态系统，城市如同巨型的容器一般，不仅为城市自身设立合理发展的限界，也为在其中所发生的事件设立着展示的舞台。现代城市发展已进入经济全球化的时代，城市比以往任何时候都需要以全球视角审时度势，发掘并利用新的资源。城市成了全球经济活动、政治活动和文化发展的重要节点，在经济全球化背景下，世界各地的城市已处于前所未有的激烈的竞争环境之中，国际经济竞争在很大程度上就体现为城市之间的竞争。

　　（3）城市的未来时间

　　未来的城市是复杂的城市，城市也在不断的生长之中。城市在时间重复节律和渐进的、不可逆转的变化中流逝。城市的过去已经定格，而将来却是未知的。对于城市未来面貌的憧憬，也是基于城市的过去与现在。城市必定是要发展的，城市的生命力也在于不断发展、不断延续。城市为了体现历史的连续性，需要择取各种重要的历史阶段的优秀片段加以保存；城市为了满足未来的需求进行的现代化建造又常常破坏着这个历史范围所体现的气氛。城市的新技术、新经济、新管理不断产生，促进生态环境的良性循环，实现环境的可持续性，运用文化力、创意力和设计力，让城市更"美"。当然，每一座城市如何发展和建设，存在不同的思想观念、模式和方针。观念不同、方针不同，过程就不同，结果就不同。

人类缔造了城市，而城市则还诸人类丰富、精致而美好的生活。未来城市应具有兼收并蓄、包罗万象、不断更新的特性，将促进人类社会秩序的完善、财富的积累、多元文化共存，同时意味着历史和未来的和谐。城市的未来是人们对城市的憧憬，是城市发展与城市形象设计的决策方向。

2. 城市"时间边疆"

城市环境在一天中的不同时段以不同的方式被人们感知和使用。城市形象的设计师需要理解时间的周期现象和启示：昼夜交替、季节变化，以及相应的活动周期。

由于人们在时空中的活动是不断变换的，所以在不同时间，城市环境有不同的用途。城市形象的设计者需要理解城市空间中的时间周期以及不同活动的时间组织。尽管城市环境随着时间无情地改变，但保持某种程度的延续性和稳定性也很重要。城市形象设计者不但需要理解环境是如何变化的，还要能设计和组织这样的环境，允许无法避免的时间流逝。同时，城市环境随着时间的更迭在变化，同样，城市形象的设计方案也需要随着时间的更迭而逐步更新。

人类虽然不能创造时间，但是可以更为有效地利用 24 时间，尤其是夜晚，获取更自由、更多样化的时间而相对摆脱时间的束缚。我国正处于城市化加速发展的阶段，开发城市的"时间边疆"，将城市的时间因素更好地整合在空间中，实现时间因素与空间因素的有机结合，使城市活动在时间上交错利用。不但可以缓解当前我国城市化进程中一系列城市问题，还可以创造出一个富有文化感的四维空间，达到最大的使用效率。城市的夜生活也是开发"时间边疆"、创造思维财富的方式。夜晚时间的城市生活景观开发，城市新型光环境艺术等亮化体系，开放博物馆等健康的夜生活文化体系、高品位的消费体系等。若是俯览城市的夜空，发达的现代城市往往也是夜晚灯光最明亮的。

另外，"时间边疆"的开发，对解决空气污染、噪声污染、热岛效应等都有较好的效果。进入现代社会的城市，在时间流变中积淀鲜明的时代特征，这种丰富有序的城市时空结构有助于构筑良好的城市形象。

（四）空间维度下的城市形象

1. 空间的概念

空间，是指物质存在的一种基本形式，表述的是物质存在的广延性。空间和时间一样是物质运动的必然组成部分。在日常生活中，空间往往被表述为我们周围可被利用的物质存在，在其中可以容纳各种物质的或非物质的事物。关于空间的定义有很多不同的类型，所涉及的层次也有所不同，既有几何学或者物理学的，也有各种其他不同学科的；既有日常生活的，也有哲学层次的，等等。这里，我们对空间的论述建立在哲学层面与日常生活层面相结合的基础上，分析城市的空间。

空间有三个维度，如图 6-11 所示，空间中的一个点能作出三条通过该点的且互成直角的直线。我们在描述不同的空间时，所使用的都是几何学或物理学的空间概念，描述的只是抽象的空间。纯粹的几何空间和物理空间显然是不能用来解释城市空间的，但城市空间必然由几何空间组成。

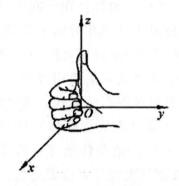

图6-11　三维空间

　　人们在实际生活中所认知的或感觉的空间，实际上要远比三维的空间复杂得多，如图 6-12 所示。而且，空间中所包容的一切直接影响着我们对空间的感觉与认识，而这些感觉与认识又决定了人对空间的范围、界限的认识。这就是说，空间本身是客观存在，但在人的世界中，通过人的使用与改造，并在使用与改造的过程中重塑着空间。

图6-12

　　另外，人的存在与空间紧密联系，不同的空间也有着不同的活动方式，不同的活动也存在于不同的空间之中，如图 6-13 所示的广场活动空间，如图 6-14 所示的街道空间。因此，空间不仅仅是为人所使用的，同时也是为人所体验的。

图 6-13　广场

图 6-14　街道

2. 空间与场所

　　场所也是一种空间，是一种带有精神内容的空间，这种精神内容是由其意义的关系所定义的。如果空间的概念更多地强调场所的可见物理形式，则是可以描述的，但场所的概念更强调场所中的人的体验和实践，在此意义上，我们通常所强调的场所，实际上总是与场所的精神性联系在一起，如图 6-15 所示，公共与私人领域的划分一目了然。

　　一定的场所总是支持和鼓励某些事件和活动的发生，阻止和禁止另外一些行为的发生。教堂是宗教礼拜的场所（图 6-16），不允许买卖交易；法庭是审判的场所（图 6-17），禁止自由讨论。场所的边界就是行为停止的地方，场所将人们的活动方式和程序固定下来，从而控制人们的行为。因此，将行为与其发生的空间结合在一起的分析,是当代空间分析的核心。

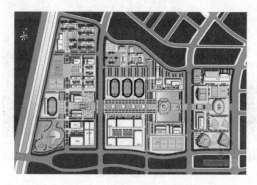

图 6-15　城市空间分布图

图 6-16　教堂

图 6-17　法庭

　　尽管场所总是一定范围内的三维空间,但它绝对不是抽象的空间。每一个人出生、长大直到目前生活都会经过一定的场所,并且与之具有深刻的联系。这种联系似乎构成了一种个人与文化的认同及安定之活力源泉。

3. 空间的层次划分

对空间层次划分较为著名的诺伯格—舒尔茨（图 6-18），把空间划分为五种概念，即肉体行为的实用空间；直接定位的知觉空间；环境方面为人形成稳定形象的存在空间；物理世界的认识空间；纯理论的抽象空间。这五种类型的空间在人类社会的发展过程中承担着不同的功能。在对空间进行总体认识的基础上，诺伯格—舒尔茨将空间划分为六个层次，即器皿阶段；家具阶段；住房阶段；城市阶段；景观阶段；地理阶段。

4. 城市空间的意义

在对城市空间意义的研究中，拉波波特（图 6-19）的阐述是最有代表性的，既广泛又深入。

图 6-18　诺伯格—舒尔茨　　　　图 6-19　拉波波特

城市空间环境是建成环境的主要组成部分，因此，大量有关建成环境的研究可以较为直接地引入对城市空间意义的认识中来。拉波波特对空间意义层次进行了划分，主要分为三个层次，即高层次意义，是指有关宇宙论、文化图式、世界观、哲学体系和信仰等方面的；中层次意义，是指有关表达身份、地位、财富、权力等；低层次意义，是指日常的、效用性的意义。

　　在拉波波特看来,城市空间环境所反映的是城市社会中或城市空间中的一系列重复的、稳定的、基本的共同行动的结果,在这样的环境中,具有共同文化背景的社会成员能够知道在不同的环境中该如何行动以及如何行动得当,从而可以比较方便地在不同成员之间建立起有效的协同行动。这既是文化所赋予的共同基础,也是在人的生长过程中逐渐习得的。这样,在特定文化的背景中,人们可以比较轻松地理解与他们发生联系的城市空间环境以及在此环境中的情境,按照他们对空间意义的理解而采取相应的行动。不同的行动在不同的空间环境中发生,如图 6-20 至图 6-22 所示,处于不同空间的人们所产生的不同行动。空间作为人际相互作用的一个媒介,使个体的行为约束在一定的范围,从而形成恰当行为;同时也使这种行为可以更容易为别人所理解。

图 6-20　游乐场

图 6-21　乡村

图 6-22　城市广场

拉波波特认为,建成环境的意义首先是人对空间本身的认识,而人的认识首先在于他所看到的物质要素及由此在他头脑中形成的意象。意象的形成过程是复杂的,而建成环境则为这种意象的形成提供了适宜的线索。环境对行为有着约束、促进或是催化的作用,环境不仅作出提醒,而且作出预言和指示。

综观拉波波特对建成环境的意义的探讨,可以看到,尽管我们可以把城市空间划分成物质的、社会的和抽象的客体来进行分析和研究,但这些是合在一起并相互作用的。城市空间是在空间、时间、交流、意义的基础上被认识、被组织起来的。因此,不同的文化背景就会有不同的规范性理论。

以中国和印度的古代城市空间形态为代表的是宇宙论模式的典型,这种城市形态直接与天、神、人、礼仪等紧密相关,如图 6-23 所示,并且受当时人们对这些内容的观念和认识的控制,城市空间形态直接表现了这样的一些观念和思想。因此,这样一种空间形态模式是建立在相应的价值观基础上的,如秩序、稳定、统治、行动和形态之间紧密而持续的相互适应,所有这些都反映出了对时间、衰败、死亡以及混乱的否定。

图 6-23　紫禁城俯瞰图

　　它们往往以快速建设为目的,建设的目的非常清晰,也非常确定。它也有永久的组成部分,但那些组成部分是可以被移动或被移走的,也就是其整体是可以被改变的,也是可以被修复的,如图 6-24 所示的绿化地带。这些组成部分相对是比较小的、明确的,通常相互之间非常相似,并且它们之间是机械性联系的,如图 6-25 所示的城市建筑之间的结合。它们的目的更多地在于为了某种自己的目的而向物质世界的扩张,并且具有选择的自由、交换或修正的自由,可以摆脱强制意义或克制的自由,各个部分是简单的、标准化的、容易改变的,并不突出它们自己的意义。在整体组织中,各部分之间也是相互平衡的。

图 6-24　绿化地带

图 6-25　城市建筑群

　　任何一种有机物都是一个自主的个体,它有明确的边界,不会因为附加的组成部分而改变它的规模,但它的组成部分之间却是非常紧密地相互联系在一起,而且没有明显的边界。它们一起工作并以精致的方式相互影响,形态和功能密不可分地结合在一起,整体的功能是综合的、动态的,是一种自我平衡性的动态过程,如图 6-26、图 6-27 所示的城市布局。

图 6-26　佛罗伦萨

图 6-27　西西里

这三种规范理论，建立了城市整体空间与世界观及价值观之间的联系，反映出城市空间组织在城市整体形态层面上的意义。

（五）社会维度下的城市形象

现代城市作为一种社会空间形态，是由复杂多变的社会生活和人类活动组成的。城市形态与社会活动密不可分，脱离人类活动的城市空间是不可能存在的，同样，失去了城市空间，人类活动也无法进行。在当前的社会状况下，国内城市普遍经历着重要的社会转型，在由农村社会结构向城市社会结构转型、从工业社会向信息社会转变以及由贫穷社会状况向较为富裕的社会生活转变的过程中，城市建设方面面临着重大的挑战。大量的社会问题在这一转型期内显现出来，成为阻碍城市发展、危害社会稳定的负面因素，也是城市研究亟待解决的首要问题。

1. 城市形象与人类活动

人的活动是构成城市社会结构的主要部分，它也是城市形象的组成要素之一。人的各种活动是城市整体社会形象的体现，如图 6-28、图 6-29 所示，是城市居民在城市生活中的具体活动。

图 6-28　城市居民与城市生活

作为可移动的城市形象要素，人类的活动特征也是社会生活在城市中的表象反映，起到体现城市形象特征和展现城市物质文化生活的作用。人的活动是极为丰富和多变的，在城市形象建构中应该给予足够的重视，并且要将其纳入其中统筹考虑。如何规范人类行为，建立各因素均衡、协调发展的城市环境，是城市形象研究的主要内容之一。

图 6-29　城市中人的参与性

2. 城市形象与社会活动

利用城市建筑及空间的组织关系,为社会活动提供必要的场所空间。同时,以满足居民的使用需求为目标,兼顾不同社会活动的城市形象设计,创造出随时间的流逝越来越聚集的城市环境。此外,不同社会阶层对城市形象的需求也存在着较大的差异。因此,在城市形象研究上要充分兼顾城市中社会各阶层的利益,提出符合各方需求的多样化的城市形象建设原则,满足不断变化发展的社会生活多样性需求,如图 6-30 所示的街头艺术。

图 6-30　街头艺术

(六)经济维度下的城市形象

在对城市问题的研究中,经济要素对城市也产生了重要影响,需要我们给予足够的重视。不同社会经济发展速度的差异和国民经济水平的高低,同样反映在城市形象的诸多方面。经济问题作为研究城市现象的一个主要组成部分,它是社会发展和人类进步的重要条件,对城市建设的影响极为深远。

1. 经济维度下城市形象的三个层面

在某个特定城市的经济结构中,主要包含宏观、中观以及微观三个层面的内容。

在这三个层面中,较为宏观的国民经济是决定城市形象的主导因素,只有国民经济不断发展,才能带动城市形象的不断更新和演进(图 6-31)。

图 6-31　城市形象

中观层面的城市中各区域经济的发展又是促成城市形象更新的基本保障,不同区域间经济水平的差异,也导致了城市形象上的差别(图 6-32、图 6-33),如图所示的是苏州与越南胡志明市的城市发展形象对比。由此可见,经济是决定城市形象变革的重要因素,起到促进或者阻碍城市形象进一步发展的作用。

图 6-32　苏州市

图 6-33　越南胡志明市

微观层面的不同企业以及个体经济的发展（图 6-34），同样对城市形象起到重要的作用，个体单元的经济支持是完成城市总体形象塑造所依靠的重要力量。由此可见，经济对城市形象建设的作用极大，它反映了社会的主要需求和城市发展的目标，是决定城市形象优劣的重要条件之一。

图 6-34

2. 经济发展对城市形象的决定作用

从城市的功能分区来看，经济的发展需求也决定了城市的总体布局形态和形象元素的典型特征，如图 6-35 所示北京市的规划总图。根据经济规律的要求，不同功能的区域之间有着内在的联系,它们彼此依靠形成产业链的关系,在城市外部形象的表现上同样体现出这种内在的关联性。

图 6-35　北京市规划草图总图

　　经济发展与城市形象有着密切的联系,它对城市形象的建构起到了重要的作用。经济学家往往从建立城市经济空间格局的角度,探寻城市建设的经济增长理论,通过对城市中的土地经济、生态经济以及城市管理经济等多方面的深入研究,找寻能够使现代城市良性发展的经济学理论。这些研究工作为调整区域间以经济为主体的相互关系提供了理论框架,成为城市发展必不可少的研究课题。作为决定城市形象的主要因素之一,经济的进步为解决城市形象存在的混乱和落后的局面提供了财力保障,是城市形象发展必不可少的重要因素。正是基于经济对于城市形象的这种作用,使得城市中的贫民区与富人区、商业区与城市郊区之间的形象差异显著,如图 6-36 与图 6-37 所示的上海市不同区域的对比,这在很大程度上是城市经济发展需求所造成的。

图 6-36　上海胡同

图 6-37　上海外滩

　　然而，城市形象建设又包含了复杂的内容，并不是说有了经济的高度发展，就必然会有良好的城市形象。城市形象与文化传承、社会进步以及艺术原则还存在着千丝万缕的联系，经济只能作为城市建设，一种必不可少的重要保障，起到促进城市形象建构的作用。城市形象建设对经济发展具有反作用，好的城市形态是和谐社会环境和人文精神的统体，能够促进城市经济的不断发展；相反，混乱无序的城市形象将会极大地影响城市环境，并阻碍区域内经济的发展。因此，要妥善处理城市形象与经济发展的关系，这是城市形象研究成败的关键。

（七）文化维度下的城市形象

　　随着经济的快速发展，城市化进程的加快，中国大中城市甚至乡镇的大拆大建正如火如荼地进行着。一方面，随着城市形象、生产技术和手段的不断更新，城市景观形态构成方式和视觉冲击不断提高，城市越来越趋向人为的、刻意的策划和刺激；另一方面，在城市更新的过程中，不惜以强拆、强建的方式实施规划与改造，城市形象越发呈现同质性、类型化的趋势。城市的功能与肌理遭到了破坏，并游离于城市文脉及日常生活，最终导致人们难以对城市产生认同和归属，城市因此失去魅力。可见，文脉作为一个城市的灵魂具有独一无二的意义。作为时间和空间共同作用的结果，城市文脉代表着城市人共有的记忆。

1. 历史文化的延续

　　每个城市都有它的历史,历史发展进程中形成的文化构成了这个城市的底蕴。中国作为一个有着悠久历史的文明古国,在当代城市更新发展的过程中尤其需要重视这个问题。作为城市更新发展的重要组成部分,当代城市建设不仅需要规划与设计,更需要一定的策略将城市的历史文化延续下去。通过对历史元素的功能置换与利用,巧妙保留与再现,城市历史文化可以在视觉形象层面得到延续。

　　在历史元素的功能置换与利用方面,上海太平桥地区新天地广场(图 6-38)改造设计中,对旧建筑及其环境的改造与利用是将城市历史文化延续的一种尝试,集餐饮、商业、娱乐、文化、休闲于一体的步行街。成为中外游客领略上海历史文化和现代生活形态的最佳去处。

图 6-38　上海太平桥地区新天地广场

　　德国景观设计师彼得·拉茨(图 6-39)设计的杜伊斯堡城市公园(图 6-40),具有工业历史意义的破碎景观在城市景观的更新改造中,通过景观结构和要素的重新阐释散发出新的生机和活力。

图 6-39　德国景观设计师彼得·拉茨

图 6-40　杜伊斯堡城市公园

　　在历史元素的保留与再现方面,日本的城市景观堪称典范。东京的银座是日本最有代表性的繁华商业街,其中,最高档的和光百货(图 6-41)就位于银座繁华高级商业区的十字路口,历史悠久,如果和光从银座消失了,银座的商业历史也就意味着中断。

图 6-41　和光百货

　　不仅仅是建筑,城市空间中任何一个细小的要素都可以为保存城市的历史与文化做出贡献。位于江户街区的标志建筑充满魅力,大屋顶和鬼瓦、超厚的屋檐、垂挂着的大块腹帘等(图 6-42),虽有些怪异,但从另一角度看,京都建筑细致的标志都被保留下来。

图 6-42 京都建筑

除此以外,历史元素的艺术化再现也是使城市文脉得以延续的策略之一。日本 SUWA 地区的这一滨河走道(图 6-43),布置了一系列以渔船、轮轴、打渔等为主题的铁艺作品。这些作品的形态代表了这一地区的历史与自然状况,通过公共艺术的抽象表现形式实现了城市文脉的延续。

图 6-43 滨河走道

2. 地域特征的表达

如果说城市的历史文化代表了纵向时间层面的城市文脉,那么城市的地域特征则代表了横向地区层面的城市文脉。在宏观层面,一个地区的民居基本是这一地区民众生活模式、生活态度的体现，也是地域性格、人文性格的外在表征。苏州博物馆新馆（图 6-44、图 6-45）的设计表现出对于地域文化的理解。新馆坐落于一片传统民居聚集区，借鉴了传统民居与园林艺术的表现方式，从传统文化的内涵来看，是新建建筑与传统街区的融合。

图 6-44　苏州博物馆新馆

图 6-45　苏州博物馆新馆

　　一个区域的集体记忆，是时间和空间共同作用的结果。它往往嵌入一个城市的肌理中，具有自身的特色，是生活、文化与历史的统一体，需要我们去挖掘并维护。深圳万科第五园（图 6-46），就是一个以中国情结、岭南民风为特色和主题的现代住宅小区。通过对岭南民居及江南园林特色及内涵的挖掘，以其独到的空间叙事及情结表达，探索出传统与现代并存的中国式生活方式和人生哲学，散发出中国民居内敛、含蓄的气质。

图 6-46 深圳万科第五园

另外,意大利伊曼纽尔二世拱廊(图 6-47)不仅是米兰的经典建筑,也是极富艺术气息的购物中心。

图 6-47 意大利伊曼纽尔二世拱廊

3. 人文精神的彰显

城市空间的人文精神便是通过城市的历史文化、地域特征形成的一种集体价值观,能够体现人们精神世界的真实需要。在现代化进程的影响下,日本当代城市景观设计从不全盘、无条件的接受西方文化,而是全面学习,结合本土文化消化吸收,表现出独特的日本精神。单纯的地理资源环境造就了日本人对自然景观敏感而细腻的表现。他们将平凡的自然元素提炼出来,变换投射到精心组织的城市景观空间中,如崎玉新都心榉树广场,在城市中心营造了一片"空中森林"(图 6-48)。取代了传统以人工造型为主的中心景观，呈现出不一样的景致，表达了日本人文精神对于"真"的审美需求。

图 6-48　崎玉新都心榉树广场

4. 可持续理念的渗透

现代城市的更新过程中，生态与可持续发展是一个颇受关注的议题，也是城市规划与设计者经常遇到的问题。除了尊重和吸收地方文化，如何以一种合作友好的姿态对待自然和人文环境是我们需要长远考虑的（图 6-49）。

在坚持尊重当地自然和地方文化特征的基础上，寻找提高城市基础设施的有效性和环境质量的合理方法，是城市贯彻可持续发展理念的主要策略。上海世博会的主题馆便是这一策略的极佳体现，它一方面体现了上海特色，另一方面则结合了现代的生态技术实现了建筑的环保节能。

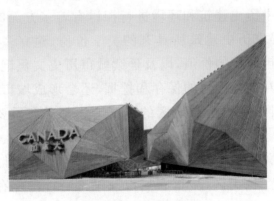

图 6-49　加拿大馆

（八）历史维度下的城市形象

　　城市是历史的产物，无论对于有着悠久发展史的城市还是刚刚形成的城市，都有与其成长过程相适应的发展历程。不论是几千年形成的文化符号和物质形式还是近百年来形成的现代文明都应该重视。实际上，随着时间的流逝，城市环境在无情地变化着，任何改造和建设活动都会改变原有的历史风貌。

　　由于未能引起足够重视，导致了大量的历史建筑被拆毁，现代主义城市风格的盛行也彻底改变了原有的城市风貌。好在一些学者和设计工作者对历史遗迹提出了有成效的保护措施，做出了积极贡献，如图 6-50 所示。

图 6-50　历史遗迹

　　对城市中历史建筑和环境进行探讨有着多方面的研究价值，其中包括：寻求历史建筑所具有的美学价值，建立多样性城市环境和丰富城市面貌的价值，以及延续城市历史文化记忆和传统文明的价值。对文化记忆的保存和挖掘，还会形成城市特有的形象特征，对吸引游客和增强地区的经济活力都具有重要的价值，如图 6-51 所示。

　　对物质文化遗产的保护，成为城市延续历史文脉的基本出发点，对历史建筑、街区、城市布局以及细部特征的保存和发展，是形成历史文化城市的重要保证。深厚的历史文化和丰富的人文特征,逐渐成为衡量城市文明程度的重要标准。

图 6-51　圆明园遗迹

（九）艺术维度下的城市形象

城市在继承传统的同时要在新形势下展开全面的建设,这不仅要求城市设计者具备科学的态度和系统的专业技术知识,更为必要的,但恰恰经常被忽视的是对于城市美学和艺术原则的广泛关注。城市所呈现出的最直接的外部形象特征魅力与美学原则息息相关。城市问题已不再是简单的功能协调问题,而表现为一种将城市作为一件艺术作品进行深入研究的艺术问题。

我们应该能够寻找到一种数据合理而且视觉美观的城市空间,使城市形象既体现出科学合理的一面,又不以失去艺术特征为代价,如图 6-52、图 6-53 所示。在城市这样一个复杂的研究过程中,社会学家、经济学家等专业人士仍在做着重要的贡献。而对于城市形象建构来说,技术方面仅仅依靠专业人士的科学知识并不足以完成这样一个强调感性认知的使命。在这里,我们还需要拥有艺术家的审美眼光和艺术天赋。对于城市形象的研究来说,这一点尤为重要,城市的表象特征应该反映出足够的艺术品质和视觉特色。

以艺术视角看待城市形象的建构,有别于现代主义的功能至上原则,是将关注点重新回归到传统城市的艺术形象上,并且试图建立现代城市的艺术风格,使视觉艺术原则介入城市空间的设计中,为建立城市形象的整体艺术风貌提供帮助。从艺术视角探讨城市形象的研究内容有着重要的意义,其目的在于在城市形象研究中运用视觉艺术原则,可树立城市形象的典型特征,利用艺术化的手段展开对城市的进一步更新,突出城市个性,彰显城市魅力,建立未来城市建设的艺术原则。

图 6-52　城市空间(一)

图 6-53　城市空间(二)

第二节　信息媒介的本土化关注

一、中西视觉文化反思

(一)中西视觉思维的差异

西方视觉艺术,对于形态历来非常重视,把形态本身当作独立的对象进行研究。作为西方文明源头的古希腊,在造型艺术上达到了很高成就。今天所见到的古希腊雕刻,对人体的比例结构都有精确的把握,是非常写实的。古希腊艺术家把客观事物形态特别是人的形态,作为科学进行研究。①

闻名于世的米洛的维纳斯雕像,其形态严格遵守人体解剖的准确性,同时又符合美的比例。每部分形态都有其存在的理由,是活生生的生命形态,即使不了解维纳斯在古希腊神话中的故事,也完全不影响人们对这个雕像的欣赏。维纳斯的雕像呈现出一种人人都能看得懂的美,感动古往今来的一切人类。维纳斯的视觉文化中蕴含的这种追求普遍性的艺术理想,奠定了西方视觉文化的深层结构,即用理性精神追求普遍的理解。

维纳斯的视觉文化是一种"去谜"的视觉文化。在它的形式中没有任何神秘的东西,一切都是那么明确,它要表达的东西都呈现在人们眼前。它虽然显现出神性,但并不神秘,因为它的形态毫无秘密可言,是公开的神性——人人都能看到,人的普遍性所能达到的极致。它不要人们去猜谜,猜对了就能理解,猜不对就一片茫然。正因为不存在任何谜,人们都能从这个形态中看到维纳斯的美。它的美是那样清晰明了,又是那么遥不可及,以至于变成一种神性。然而这种神性不再是躲藏在象征后面的神秘性,而是人所共见的神性。因此,它对人类的启发和提升就是普遍的,并不只针对那些具有"慧眼"的人。一种视觉形态,只有达到这样的层面,才能真正成为具有生命的形态。

与西方维纳斯的视觉文化不同,中国的视觉文化历来注重象征,注重形态所代表的意义。这种视觉文化以龙的形象为典型。我把它比喻为龙的视觉文化。龙是我们中国人熟悉的形象,龙文化在我国文化传统中根深蒂固。

古代曾把龙与帝王密切联系在一起。现代虽然没有了帝王,但龙的文化一直绵延不绝。龙成为中华民族的一种象征符号,被人们广泛应用。龙的符号所代表的以象征意识为核心的中国视觉文化模式,伴随着龙的意象的普及和持续传播,越来越巩固了。

---

① 代福平.信息可视化设计[M].重庆:西南师范大学出版社,2015.

　　龙的视觉文化有以下两个特点：一是基于实用的形式混合性，二是基于权威的形式神秘性。

　　第一，基于实用的形式混合性。龙在中国文化中是一个有生命的、神通广大的瑞兽，可飞跃上天，也可深潜于海，生命力最为强健。但它的形式却不是一个有机的整体，还不如一个毛毛虫的形式更符合动物的生长逻辑。龙的形式是人们根据主观意愿，按照各种现实需要组合起来的混合体，它的各部分形态没有必然联系。龙的形态经历了一个漫长的演变过程。人们根据自己的需要不断修改龙的形式，直到宋代，龙的形式才基本固定下来，成为由鹿角、马首、蛇身、鱼鳞、鹰爪等形态组成的一个综合体，每个形态都有特定的功能象征。如果我们对其不了解（实际上，很多人也确实不了解），就会觉得诸如鹰爪长在蛇身上这样的形态很离奇，就像狮身人面像那样令人费解。但狮身人面像已成为历史陈迹，而龙依然活跃在我们的当代生活中。当我们赞叹古人创造龙所表现出的想象力时，也自觉或不自觉地接受了这样的造型原则，即从功利需求出发，把有用的各种形态人为地组织到一起，形成一个混合体。这个混合体形式没有内在联系，因此谈不上是一个整体。它的各部分都有来头，但它的总体却没有道理。

　　第二，基于权威的形式神秘性。上面所述的基于实用的形式混合性，使形式整体上变得不可理解，随时会遭到理性地质疑，随时有解散的可能。那么，为了使形式作为一个整体，可以被理解，不至于被解散，必须不让理性发挥作用，最根本的方法就是以权威的力量制定并公布关于形式的标准解释。形式依然莫名其妙，但人们一看它就都得知道是什么含义。如果谁不知道含义，那是因为他没有记住标准解释。每个人都有一双眼睛，都有一个普遍的理性，但在这种情况下普遍的理性全部失灵。形式变得不能靠"看"去理解，只能"盲目"崇拜。所以，"龙"的视觉文化就具有了另外一个特征，即基于权威的形式神秘性。

　　中国的视觉设计，倾向于"基于权威的形式神秘性"。这个权威可能是设计师，也可能是客户，总之是掌握视觉解释权的人。

通过权威解释,将形态的含义规定下来。形式让人琢磨不透,释义让人恍然大悟。如果让人一看就懂,就会觉得缺乏"内涵",最好保留些神秘感和悬念,激起观众想知道"内涵"的渴望。而观众也习惯于不相信自己的视觉感受和理解,而期待着视觉形式的"官方含义",好让自己不再迷惑。有个权威解释,省得自己去猜测,费了功夫,还不一定对。

信息可视化设计,目的是让人看懂。因此,每一行文字、每一个图像、每一个视觉流程,都应当在画面中得到解释,而不需要读者去猜测,去额外花时间打听文化的"潜规则"。

信息图应当像"普通话",而不应当像"方言"。

信息图应当提供清晰的视觉逻辑以尊重它的读者,而不能用含糊的词语画面来敷衍它的读者。

从龙的视觉文化思维模式转变为维纳斯的视觉文化思维模式,不是渐变,而是决裂。中国设计师将经历痛苦而漫长的精神成长过程。

(二)中西公共艺术表达差异

中国公共艺术发展时间太短,追赶美、欧先进水平需要时间,这是客观事实。其次,中国的社会经济发展还处于现代化的追赶阶段,具有完全独立性的社区发展仍不完善。客观地讲,相当数量的民众对于表达自身情感和愿望的公共艺术作品还缺乏热情。

由于经济和城市的发展仍未到成熟和完备的阶段,虽然城市空间很多,但城市雕塑建设的出资方仍以政府为主,题材上也更多地表达某种抽象的精神或思想,往往以主题性、纪念性雕塑和追求形式美感的景观小品为主,以反映艺术精英的审美模式为多,真正关注平民的精神情感和文化体验的作品太少。

总体而言,由于中国当前的经济、社会发展程度,加之社会文化传统中相对缺少孕育公共艺术的土壤,公共艺术要想更深地介入社会甚至政治层面,注定要走一条适合中国国情之路。

举个例子,由于历史传统、经济发展水平和技术条件等因素,国内的公共艺术在观念、创意等方面与世界先进水平还存在差距，但是公共环境中的写实人像因为有一定的人才基础，运用起来无风险，而且可以由政府职能部门推动，所以广泛落成于各大城市景区、步行街，成为中国公共艺术建设中的亮点之一，与世界先进水平相差不大。

中国公共艺术建设需走自己的路，公共艺术要走有中国特色的道路，就需要有扎根中国国情的理论引导。

不论是中国，还是公共艺术的诞生地欧、美等国家、地区，公共艺术与雕塑在艺术形式等领域都有着千丝万缕的联系。有研究者注意到了公共艺术与城市雕塑存在的某种内在联系，并力图加以归纳。其中一种观点认为传统意义上的环境雕塑、壁画即公共艺术，但这种观点未经辩证，带有一定的"泛公共艺术"倾向。

如何基于中国当前国情推进公共艺术建设，不是一朝一夕凭一己之力就能解决的问题，它的答案应当汇集于无数个体、基于各自的目标努力的宏大进程中。从艺术的一般规律以及其他国家、地区在这一发展阶段的相关经验来看，基于中国国情的公共艺术界定工作，即什么是公共艺术，什么不是，是不可或缺且必须及早进行的。

二、民族特色、地域特色与设计风格

21 世纪是信息的时代，世界文化的多元性和地区文化的个性是未来公共艺术的主要课题。城市是文化的中心，而城市环境中的公共艺术则成为构成、反映城市文化的重要因素。如果将公共艺术作品定义为一种特定的"空间媒介"，这种媒介必然有其独特的艺术个性，而且必然属于城市中某一特定场所的特定构筑物或艺术单体，它是整个环境形态中的一个局部，有着自己特定的创作方法和审美原则。其特点如下：

（1）公共艺术作为环境功能的一部分，在人文精神、审美效应上应与环境整体相协调，并有着独立的观赏价值。

（2）公共艺术已成为不同地域历史文化的延续及传承的载

体,同时又与当代的时尚文化追求、精神生活、经济发展紧密相连,成为视觉的焦点和时代的象征,有标志性、识别性、纪念性及宗教性。

(3)公共艺术可能是无标题的构筑物创作,仅仅作为空间中的媒介,公众能在其中得到各种体验,形成一种"空间对话"的同时,还具有独立的艺术价值。

(4)公共艺术既是绿色生态的一部分,又是公众精神和心理安慰的调节剂。

综上所述,公共艺术即公共空间中的艺术创作与相应的环境设计(图 6-54)。

图 6-54　现代公共艺术注重表现形式与环境的和谐

参考文献

[1]廖宏勇.信息设计[M].北京:北京大学出版社,2017.

[2]何玉莲,章宏泽.导向标识系统设计[M].北京:中国电力出版社,2016.

[3]张西利.标识系统设计指南[M].桂林:广西师范大学出版社,2016.

[4]张鑫.城市文化的视觉传播:城市地铁中的视觉传达设计[M].武汉:武汉大学出版社,2016.

[5]陈立民.城市公共信息导向系统设计:与空间的交流[M].重庆:西南师范大学出版社,2008.

[6]代福平.信息可视化设计[M].重庆:西南师范大学出版社,2015.

[7]朱钟炎,于文汇.城市标识导向系统规划与设计[M].北京:中国建筑工业出版社,2014.

[8]张儒赫,陶然.INFOmedia构筑生活:信息设计与新媒介研究[M].北京:人民美术出版社,2014.

[9]张浩达.视觉传播:信息、认知、读解[M].北京:北京大学出版社,2012.

[10]胡珂.图形语言[M].杭州:中国美术学院出版社,2002.

[11]陈立民,李阳.公共图形与导向信息设计[M].北京:科学出版社,2014.

[12]牟跃.城市公共信息符号设计与规划[M].北京:知识产权出版社,2013.

[13]杨明洁,吴家青.公共设施与导向系统设计[M].杭州:浙江人民美术出版社,2009.

[14]鲍诗度.环境标识导向系统设计[M].北京:中国建筑工

业出版社,2007.

[15]伯杰. 导向标识:图形导航系统的设计与实施[M]. 谢琳,译. 北京:电子工业出版社,2013.

[16]法国亦西文化. 法国公共艺术[M]. 沈阳:辽宁科学技术出版社,2008.

[17]Nathan Glazer & Mark Lilla. The Public Face of Architecture:Civic Culture and Public Space[M]. New York:The Free Press,1987,276-291.

[18]Tridib Banerjee. The Future of Public Space:Beyond Invented Streets and Rein vented Places[J]. APA Journal,2001.